Юрий Чумаков

Свободноконвективный теплообмен от нагретой вертикальной поверхности

Юрий Чумаков

Свободноконвективный теплообмен от нагретой вертикальной поверхности

Экспериментальное исследование теплообмена и структуры течения

LAP LAMBERT Academic Publishing

Impressum / **Выходные данные**

Bibliografische Information der Deutschen Nationalbibliothek: Die Deutsche Nationalbibliothek verzeichnet diese Publikation in der Deutschen Nationalbibliografie; detaillierte bibliografische Daten sind im Internet über http://dnb.d-nb.de abrufbar.

Alle in diesem Buch genannten Marken und Produktnamen unterliegen warenzeichen-, marken- oder patentrechtlichem Schutz bzw. sind Warenzeichen oder eingetragene Warenzeichen der jeweiligen Inhaber. Die Wiedergabe von Marken, Produktnamen, Gebrauchsnamen, Handelsnamen, Warenbezeichnungen u.s.w. in diesem Werk berechtigt auch ohne besondere Kennzeichnung nicht zu der Annahme, dass solche Namen im Sinne der Warenzeichen- und Markenschutzgesetzgebung als frei zu betrachten wären und daher von jedermann benutzt werden dürften.

Библиографическая информация, изданная Немецкой Национальной Библиотекой. Немецкая Национальная Библиотека включает данную публикацию в Немецкий Книжный Каталог; с подробными библиографическими данными можно ознакомиться в Интернете по адресу http://dnb.d-nb.de.

Любые названия марок и брендов, упомянутые в этой книге, принадлежат торговой марке, бренду или запатентованы и являются брендами соответствующих правообладателей. Использование названий брендов, названий товаров, торговых марок, описаний товаров, общих имён, и т.д. даже без точного упоминания в этой работе не является основанием того, что данные названия можно считать незарегистрированными под каким-либо брендом и не защищены законом о брендах и их можно использовать всем без ограничений.

Coverbild / Изображение на обложке предоставлено: www.ingimage.com

Verlag / Издатель:
LAP LAMBERT Academic Publishing
ist ein Imprint der / является торговой маркой
OmniScriptum GmbH & Co. KG
Heinrich-Böcking-Str. 6-8, 66121 Saarbrücken, Deutschland / Германия
Email / электронная почта: info@lap-publishing.com

Herstellung: siehe letzte Seite /
Напечатано: см. последнюю страницу
ISBN: 978-3-659-67540-9

Оглавление

Введение

Успешное развитие современной аэрогидродинамики, особенно в области исследовании турбулентности, невозможно без физического эксперимента. Решение многих инженерных, научных, экологических проблем связано с необходимостью детального описания турбулентных течений жидкости и газа, а, следовательно, с необходимостью достаточно глубокого понимания физической природы турбулентности. Уровень описания турбулентных процессов определяется состоянием и возможностями статистической теории турбулентности, а понимание физической природы турбулентности как явления в основном связано с результатами ее экспериментального исследования.

Следует заметить, что не меньшее значение имеет и численный эксперимент. В начале 80-х годов начали интенсивно развиваться методы прямого численного моделирования турбулентных течений на основе решения трехмерных нестационарных уравнений Навье–Стокса. Однако, несмотря на значительные успехи в развитии подобного подхода решения проблем турбулентности, по-видимому, можно утверждать, что методы этого направления приобретут практическое значение лишь через 70-80 лет в результате резкого качественного повышения вычислительных ресурсов ЭВМ. Разрабатываются другие альтернативные подходы к моделированию турбулентности, в частности, уже широко апробированный и достаточно высокоэффективный метод моделирования крупных вихрей, а также входящий в настоящее время в практику метод моделирования отсоединенных вихрей, предназначенный для описания отрывных турбулентных течений. Однако при всей привлекательности этих методов пока их нельзя рассматривать как универсальные, широкодоступные средства моделирования турбулентных течений.

Поиск альтернативных подходов обусловлен принципиальным недостатком классического метода Рейнольдса, в котором осреднение по

Рейнольдсу осуществляется сразу по всем масштабам турбулентности и, следовательно, моделирование на основе полуэмпирических гипотез по необходимости проводится одновременно по всему спектру разномасштабных структур. Существенное различие крупномасштабных структур в различных течениях не позволило до сих пор создать универсальные полуэмпирические модели турбулентности, пригодные для описания разнотипных турбулентных течений.

Анализируя наиболее важные тенденции в развитии экспериментальных исследований турбулентности за последние 25-30 лет можно отметить значительное расширение этих исследований с одновременным ростом технических возможностей проведения эксперимента. Успех этих исследований привел к существенному углублению физических представлений о характере процессов турбулентного переноса. При этом особое внимание стало уделяться прямому анализу и непосредственным измерениям нестационарных полей. Проведение весьма трудоемких и детальных экспериментальных исследований стало возможным благодаря успехам электронного оптического приборостроения, в частности, разработке лазерных доплеровских измерителей скорости, различных модификаций PIV (particle image velocimetry) методов, совершенствованию программного обеспечения ЭВМ, автоматизации проведения экспериментов и обработки результатов. Наиболее важным результатом этих исследований явилась формулировка представлений о турбулентном движении как движении в значительной степени упорядоченном, включающем в качестве составной части когерентные (организованные) структуры.

Сопоставление обоих рассмотренных выше подходов к изучению свойств турбулентности (численное моделирование и экспериментальные исследования) нередко завершается выводом об устойчивой тенденции «замещения» традиционного для гидрогазодинамики экспериментального исследования численным моделированием, как более мобильным, так и экономически более выгодным. С этим тезисом можно согласиться лишь частично, применительно к отдельным классам турбулентных течений, например, вынужденноконвективных течений, в изучении которых накоплен обширный, едва ли не вековой опыт экспериментальных исследований, и мало ему уступающий по временным рамкам опыт моделирования на основе традиционных полуэмпирических моделей турбулентности.

Результаты, полученные при исследовании вынужденноконвективных турбулентных течений, можно отнести к высшим достижениям статистической теории турбулентности и вычислительной гидрогазодинамики, базирующимся, в том числе, на анализе обширного экспериментального материала. Гораздо более скромный уровень, достигнут в настоящее время в исследовании свободноконвективных турбулентных течений, возникающих под действием сил плавучести в неравномерно нагретой среде.

Касаясь оценки возможностей численного моделирования свободноконвективных течений, следует, прежде всего, отметить, что применение наиболее широко используемых при решении прикладных задач вынужденноконвективного теплообмена двухпараметрических полуэмпирических моделей турбулентности типа $K - \varepsilon$ не обеспечивает необходимой для практики точности описания свободноконвективных турбулентных течений. Имеющийся весьма ограниченный опыт использования, так называемых, новых моделей ($\nu_T - 92$, А.Н. Секундова; Спаларта-Аллмараса; Ментера), хорошо себя зарекомендовавших при решении широкого круга задач вынужденной конвекции, пока не позволяет сделать однозначных оценок их эффективности применительно к свободноконвективным турбулентным течениям. Разработка высокоэффективных моделей турбулентности для свободноконвективных течений остается одной из наиболее актуальных задач механики жидкости и газа.

Не менее актуальной остается задача экспериментального исследования свободноконвективных турбулентных течений, включая как осредненные (поля скоростей, температур), так и пульсационные (напряжения трения, тепловой поток и др.) характеристики. Ограничимся в дальнейшем оценкой состояния экспериментальных исследований применительно к одной из канонических задач - турбулентному движению неизотермической жидкости или газа вдоль вертикальной нагретой поверхности. В ранних работах, посвященных этой проблеме, основное внимание уделялось исследованию характеристик теплообмена, в частности, определению критериальных законов теплоотдачи, необходимых для решения практических задач.

Достаточно детальные экспериментальные исследования стали возможными лишь в последние десять-пятнадцать лет с появлением достаточно надежных методик измерений в низкоскоростных неизотермических потоках с высоким уровнем низкочастотных пульсаций тепловых и скоростных характеристик. Однако до настоящего времени информация о характеристиках рассматриваемого течения остается весьма ограниченной, а нередко носит и противоречивый характер. В частности, во многом остаются нерешенными вопросы о структуре динамического и теплового свободноконвективного переходного и турбулентного пограничных слоев. Иными словами, практически отсутствуют данные о масштабах (протяженности) отдельных подобластей: вязкого и теплового подслоев, переходных областей, динамического и теплового слоев выталкивающей силы, наконец, о законах стенки в этих слоях. Все эти обстоятельства являются одной из причин отсутствия в последние годы прогресса в разработке надежных алгебраических моделей свободноконвективных течений.

Важной отличительной особенностью свободноконвективного пограничного слоя является большая протяженность переходного участка, нередко превышающая протяженность ламинарного. Конвективный характер неустойчивости слоя приводит к тому, что положение начала перехода оказывается чувствительным к уровню и спектральному составу внешних возмущений и к деталям процессов, имеющих место в окрестности передней кромки пластины. Данные аспекты также изучены крайне слабо.

В немногочисленных экспериментальных работах, посвященных изучению переходного режима, по сути лишь в общих чертах намечены основные стадии развития течения в переходной области. Практически отсутствуют работы по изучению влияния различных внешних факторов (акустические возмущения, смешанная конвекция, локальные возмущения в виде каких-либо препятствий в пограничном слое) на развитие турбулентности.

Причины отмеченного, в определенном смысле, «хронического отставания» уровня экспериментальных исследований свободноконвективных турбулентных течений от аналогичного уровня исследований вынужденных течений связаны не только с необходимостью изучения одновременно протекающих механизмов переноса импульса и тепла и их взаимовлиянием друг на друга. К причинам подобного отставания можно отнести и трудности создания собственно экспериментальных установок, способных обеспечить высокостабильный свободноконвективный поток в течение достаточно больших промежутков времени. По литературным данным в мире насчитываются не более пяти подобных установок (Япония, Франция, США), в том числе, по-видимому, единственная в России установка, на которой проведены настоящие исследования.

В качестве объекта экспериментального исследования, результаты которого будут представлены ниже, выбран довольно простой вид свободноконвективного течения около нагретой вертикальной поверхности. Однако, несмотря на свою относительную простоту, этот тип течения содержит в себе главные элементы, характерные для многообразных пристенных течений, обусловленных силами плавучести. Отсутствие «побочных» факторов позволяет сосредоточить основное внимание на особенностях развития турбулентности в свободноконвективных потоках, в частности, на изучении влияния выталкивающей силы на структуру течения.

Краткая характеристика экспериментального стенда и методики измерений.

Генератором свободноконвективного потока является вертикальная алюминиевая пластина шириной 90см и высотой 4.95м. С обратной стороны пластины расположены 25 нагревателей, работой которых управляет электронная система, способная поддерживать заданный тепловой режим длительное время (6-8 часов). Задавая определенный режим каждой из 25 секций, можно моделировать различные законы нагрева поверхности по ее высоте и, в частности, режим постоянной температуры поверхности. Большая высота пластины позволила реализовать три режима течения: ламинарный, переходный и развитый турбулентный, вплоть до значения числа Грасгофа: 4.5×10^{11}. Настоящие исследования проводились в режиме изотермической поверхности при температуре T_w, равной 70ОС, при этом температура воздуха T_∞ на внешней границе пограничного слоя до 2-х метров по высоте была постоянной и равной 25-26ОС, а выше увеличивалась и достигала 27-28ОС на высоте 5-ти метров.

Для перемещения датчика в зоне исследуемого потока воздуха разработано координатное устройство, обеспечивающее точность перемещения по вертикальной координате x порядка 1см, а по нормальной к поверхности координате y, т.е. поперек пограничного слоя, около 1мкм, причем перемещение по нормальной координате осуществляется дистанционно. Работа экспериментального стенда полностью автоматизирована, а время обработки одного сечения пограничного слоя (т.е. при заданном значении x) в зависимости от его толщины составляет от двух до шести часов.

Все измерения проводились с помощью термометра сопротивлений (ТС) и термоанемометра (ТА). Зонд для измерения скорости был выполнен в двух модификациях. В виде Х-образного датчика для измерения двух компонент вектора скорости (продольной и нормальной к поверхности), при этом обе нити расположены в двух параллельных плоскостях, направленных вдоль оси x (по направлению основного потока) и по нормали к вертикальной нагретой поверхности. И в виде однониточного датчика, когда единственная горячая нить располагается параллельно поверхности и перпендикулярно основному потоку. Холодная нить ТС, для измерения температуры, в обоих случаях была параллельна поверхности и располагалась выше по потоку относительно горячих нитей ТА. В качестве чувствительного элемента датчика использовалась вольфрамовая проволочка диаметром 5мкм и длиной $3 \div 4$мм.

Известно, что использование термоанемометрического способа измерения скорости в неизотермическом потоке вызывает определенные трудности, возникающие при расшифровке сигнала ТА. Кроме того, следует учитывать, что при небольшом уровне средних скоростей движения воздуха, влияние температуры потока и его скорости на горячую нить ТА сравнимо по величине. Таким образом, практически полностью исключается возможность использования хорошо известных методик применения ТА в неизотермических потоках, разработанных для вынужденных течений.

В настоящей работе предлагается оригинальная методика измерения скорости, основная особенность которой заключаются в следующем. Учет неизотермичности течения (или термокомпенсация сигнала ТА) при измерении скорости в данной точке потока производится по актуальному значению температуры в этой точке, а различные параметры, характеризующие пульсационное движение, получаются в процессе статистической обработки актуальных величин скорости и температуры (подробнее см. [1]). Для реализации предлагаемого метода измерения скорости была разработана специальная калибровочная установка, основным принципом работы которой является равномерное движение датчика с заданной скоростью в неподвижном неизотермическом воздухе. Установка позволяет калибровать датчики при скоростях от 1 до 50см/с и температуре воздуха от 20 до 80°С. Одна из особенностей предлагаемой методики калибровки заключается в одновременном измерении скорости и температуры воздуха при движении зонда.

При использовании ТА для измерения очень малых скоростей на теплообмен воздуха с горячей нитью начинает оказывать заметное влияние свободная конвекция от самой нити. Это выражается в том, что при очень малых скоростях U_∞ вынужденной конвекции теплоотдача от нити не подчиняется закону Кинга, становится немонотонной, образуя минимум при ненулевой скорости вынужденной конвекции. Иначе говоря, теплоотдача от нити только за счёт свободной конвекции ($U_\infty = 0$) может превосходить теплоотдачу смешанной конвекцией при очень малых значениях скорости U_∞.

Это явление, которое в литературе называется «дефектом теплоотдачи», известно давно, но информация о нем носит довольно разрозненный характер в форме обычно малопригодной для использования в термоанемометрии. В работе проведён анализ имеющихся в литературе данных по смешанной конвекции от тонких нитей и от толстых цилиндров. Эти результаты были обобщены в виде следующих зависимостей:

$$\text{Re}_{\text{MIX}} = 4.68 \cdot \text{Gr}_d^{0.366} \qquad \text{при} \qquad \text{Gr}_d \cong 10^{-6} \div 2 \cdot 10^6 \ , \qquad (1)$$

$$\text{Re}_{\text{LIM}} = 1.28 \cdot \text{Gr}_d^{0.366} \qquad \text{при} \qquad \text{Gr}_d \cong 10^{-7} \div 10^6 \ , \qquad (2)$$

где $\text{Re}_{\text{MIX}} = U_{\text{MIX}} d / \nu_\infty$, $\text{Re}_{\text{LIM}} = U_{\text{LIM}} d / \nu_\infty$ - числа Рейнольдса, d - диаметр нити, $\text{Gr}_d = g\beta (T_W - T_g) d^3 \nu_\infty^{-2}$ - число Грасгофа, ν_∞ - кинематическая вязкость воздуха при температуре T_g, T_W - температура нити ТА, U_{MIX} - «предельная скорость смешанной конвекции», U_{LIM} - «характеристическая скорость смешанноконвективного режима», β - коэффициент объёмного расширения воздуха. На практике можно рекомендовать использовать полученные зависимости (1, 2) для определения минимальной скорости U_{MIX}, при которой еще выполняется закон Кинга, и минимальной скорости U_{LIM}, до которой горячая нить может быть использована в качестве чувствительного элемента термоанемометра.

1. ИССЛЕДОВАНИЕ ОСРЕДНЕННЫХ ХАРАКТЕРИСТИК СВОБОДНОКОНВЕКТИВНОГО ПОГРАНИЧНОГО СЛОЯ

1.1. Осредненные профили продольной скорости и температуры.

Известно, что форма профилей средней скорости и температуры сильно зависит от режима течения в пограничном слое. Например, по нашим данным при турбулентном режиме профили продольной составляющей скорости становятся более заполненными по сравнению с аналогичными профилями в зоне ламинарного течения, а внешняя область пограничного слоя (т. е. область от координаты максимума средней скорости до внешней границы слоя) составляет более 90% толщины всего слоя. Толщина пограничного слоя на нашей установке изменялась от $2 \div 3$см в нижней части пластины ($\mathrm{Gr_x} \approx 10^5 \div 10^8$) до 20см и более в верхней части ($\mathrm{Gr_x} \approx 10^{10} \div 10^{11}$). Для иллюстрации на рис.1 и 2 в размерном виде приведены профили средних значений продольной компоненты скорости и температуры в областях ламинарного и турбулентного режимов течения.

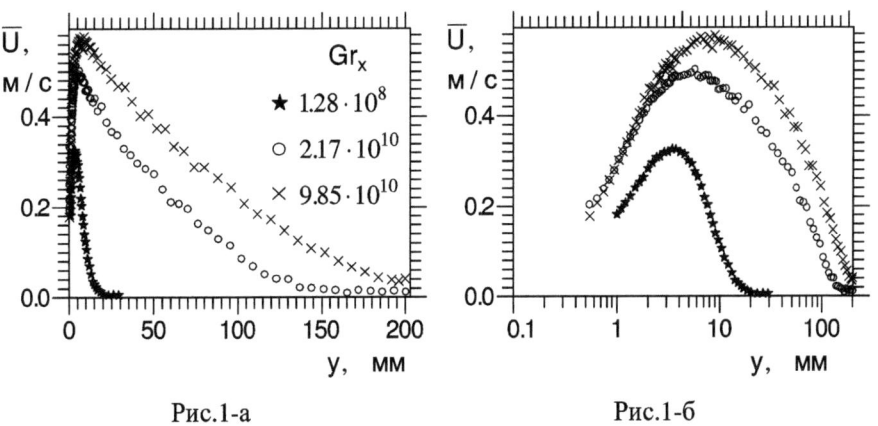

Рис.1-а   Рис.1-б

Рис.1 Профили средней продольной скорости.

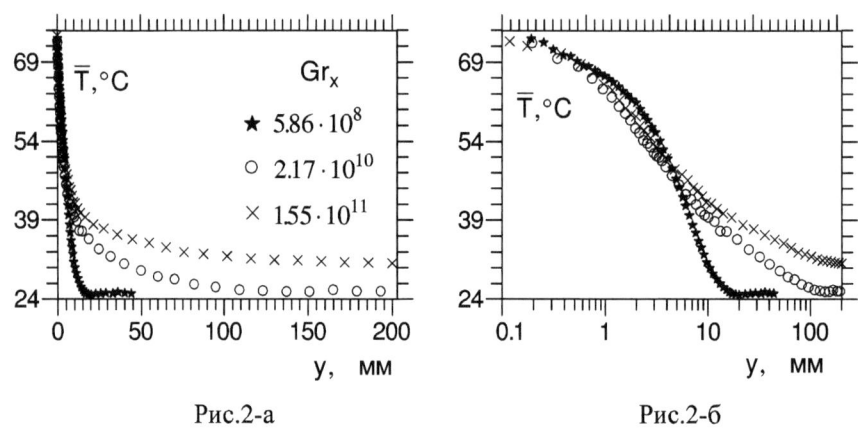

Рис.2-а   Рис.2-б

Рис. 2 Профили средней температуры.

Здесь и далее для более подробного представления результатов в пристенной области пограничного слоя используется логарифмическая шкала поперечной координаты.

На рис.3 и 4 представлена эволюция профилей продольной компоненты вектора скорости и температуры по мере продвижения вниз по потоку (т.е. вверх по поверхности), проходя последовательно области ламинарного, переходного и турбулентного режимов течения. Данные приведены в виде зависимостей безразмерных скорости U_S ($U_S = \overline{U}/(g\beta\,\Delta T\,x)^{0.5}$) и температуры Θ ($\Theta = (\overline{T} - T_\infty)/\Delta T$) от безразмерной координаты η ($\eta = y \cdot Gr_x^{1/4}/x$). Здесь $\Delta T = T_w - T_\infty$ - характерная разность температуры поверхности T_w и температуры воздуха T_∞ вне пограничного слоя, x - продольная координата вдоль поверхности, $Gr_x = g\beta\Delta T\,x^3/\nu^2$ - число Грасгофа.

На рис.3-а и 4-а можно заметить, что осредненные профили скорости $U_S(\eta)$ и температуры $\Theta(\eta)$ практически не изменяются вплоть до чисел Грасгофа $3\cdot10^9$ - для скорости и $1.9\cdot10^9$ - для температуры. В то же время по характеру изменения других параметров течения можно предположить, что

13

переходные процессы уже начали развиваться, в частности, достаточно хорошо заметен рост интенсивности пульсационного движения (подробнее об этом будет сказано ниже).

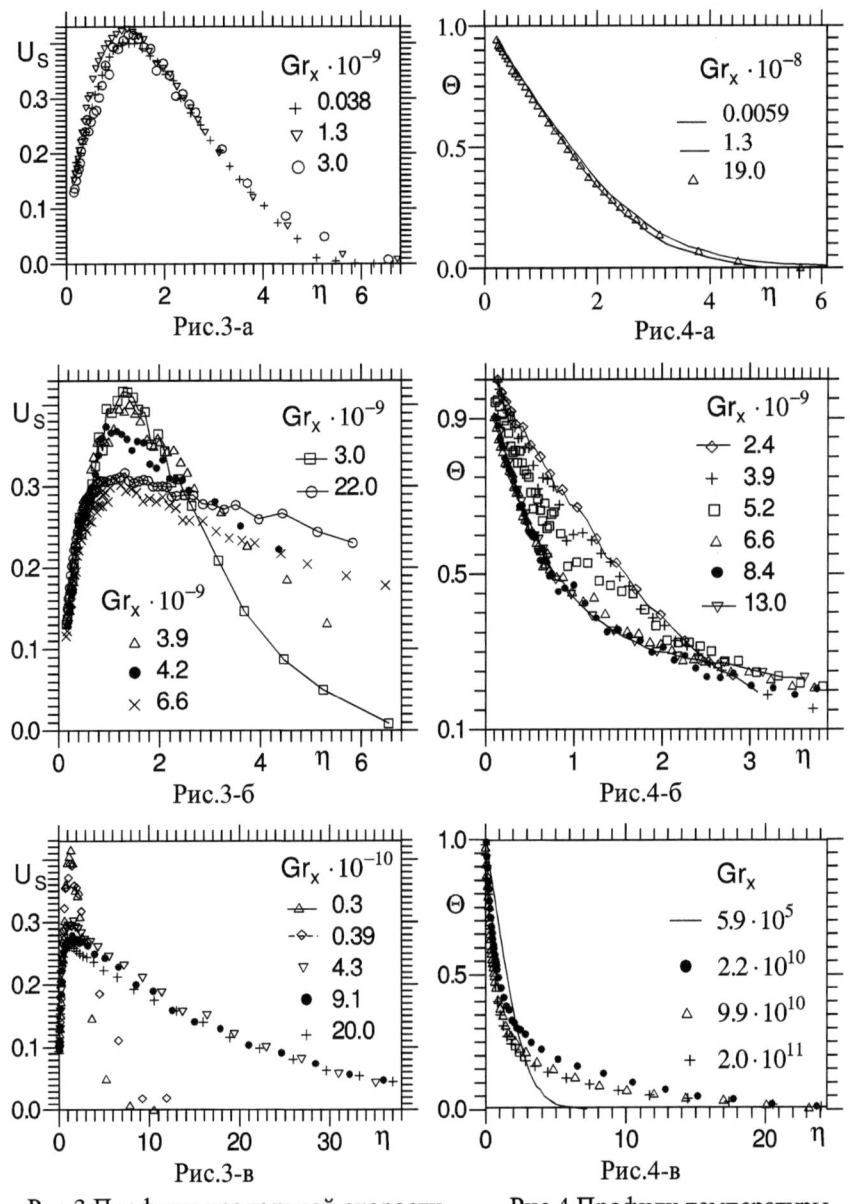

Рис.3-а

Рис.4-а

Рис.3-б

Рис.4-б

Рис.3-в

Рис.4-в

Рис.3 Профили продольной скорости.

Рис.4 Профили температуры.

Таким образом, если в качестве критерия начала перехода использовать начало перестройки осредненных профильных характеристик, то переход «затягивается». Усилившееся пульсационное движение не приводит к изменению средних характеристик.

На рис.3-б и 4-б показаны фрагменты профилей скорости и температуры в середине переходной области (пунктирными линиями отмечены профили, характерные для области ламинарного режима течения, а сплошными линиями – для развитого турбулентного режима). Ниже на рис.3-в и 4-в приведены полностью профили осредненных значений скорости и температуры в области ламинарного и турбулентного режимов течения. При анализе экспериментальных данных, представленных на рисунках, можно заметить быстрое утолщение пограничного слоя в переходной области, уменьшение максимальной скорости, а также увеличение наклона профиля температуры вблизи поверхности.

Значение числа Грасгофа, соответствующее концу зоны перехода, когда профили приобретают вид, характерный для турбулентного режима, получается меньше, чем значение этого числа, определенное по другим характеристикам. Иными словами, если в начале переходной области профили средней скорости и средней температуры начинают медленно перестраиваться, проявляя заметную консервативность, то ближе к концу этой области, профили очень быстро приобретают вид, характерный для развитого турбулентного режима течения. При этом пульсационные характеристики ещё продолжают изменяться на некотором расстоянии вдоль пластины, стремясь к постоянному значению, соответствующему развитому турбулентному течению.

1.2. Область «слоя выталкивающей силы». В работе [2] на основе анализа уравнений пограничного слоя было сделано предположение о существовании в свободноконвективном пограничном слое особой области, которую авторы назвали «слоем выталкивающей силы». С помощью метода асимптотического сращивания вязкого подслоя и внешней области в выталкивающем слое был получен закон изменения температуры и скорости в зависимости от нормальной координаты. Согласно этому закону температура изменяется по закону '-1/3' а скорость '1/3'. Течение в слое выталкивающей силы определяет характер движения во всем пограничном слое, и по значимости этот слой можно сравнить с областью логарифмического закона скорости в вынужденноконвективных течениях. На основе обобщения экспериментальных данных [6] были получены для этой области эмпирические зависимости для профилей средней температуры.

В настоящей работе было проведено систематическое исследование структуры пристенного течения с целью обнаружения слоя выталкивающей силы и определения положения его границ, а также уточнения значений эмпирических коэффициентов в соотношениях для скорости и температуры. В дальнейшем условимся называть «тепловым слоем выталкивающей силы» область, где выполняется зависимость:

$$\Theta = A_{hT} + B_{hT} \cdot \left(y \big/ \eta_{in}\right)^{-1/3} \qquad \text{при} \quad h_{T1} \le y \le h_{T2}\ , \qquad (3)$$

и «динамическим слоем выталкивающей силы» область, где справедливо соотношение:

$$\overline{U}\big/U_{in} = A_{hU} + B_{hU} \cdot \left(y\big/\eta_{in}\right)^{-1/3} \text{ при} \qquad h_{U1} \le y \le h_{U2}. \quad (4)$$

Здесь h_{T1}, h_{T2} и h_{U1}, h_{U2} - границы этих двух областей, соответственно, а $U_{in} = (g\beta\Delta Ta)^{1/3}$ и $\eta_{in} = (g\beta\,\Delta Ta^{-2})^{-1/3}$ масштабы скорости и длины, где a - коэффициент температуропроводности.

В результате обработки экспериментальных профилей скорости и температуры в соответствии с соотношениями (3) и (4) были определены границы теплового и динамического слоев выталкивающей силы и эмпирические коэффициенты в этих соотношениях. Оказалось, что коэффициенты A_{hT} и B_{hT} практически не зависят от числа Грасгофа ($A_{hT} = -0.24$, $B_{hT} = 1.25$) во всей турбулентной области и примыкающей к ней части зоны перехода ($Gr_x = 7 \cdot 10^9 \div 5 \cdot 10^{11}$). Следует отметить, что полученные в работе [2] значения коэффициентов A_{hT} и B_{hT} полностью совпадают с нашими коэффициентами. Аналогичным образом были проанализированы профили средней продольной скорости и определены значения коэффициентов A_{hU} и B_{hU} (-9.3 и 12.3, соответственно). Заметим, что линейная зависимость скорости от координаты $(y/\eta_{in})^{1/3}$ наблюдалась как в зоне перехода, так и в области ламинарного течения. Это обстоятельство порождает некоторые сомнения в том, насколько характерен "динамический слой выталкивающей силы" для турбулентного свободноконвективного течения.

Анализ полученных результатов показывает, что границы теплового и динамического слоёв выталкивающей силы не совпадают. Динамический слой имеет небольшую толщину (около 2мм) и расположен на расстоянии 0.4мм от стенки. Тепловой слой значительно толще (около 10мм) и расположен на расстоянии 2мм от стенки. Если учесть, что координата максимума средней скорости при турбулентном режиме течения составляет $8 \div 9$мм, то, следовательно, тепловой слой выталкивающей силы полностью охватывает область максимума скорости.

На рис.5 приведены координаты границ теплопроводного подслоя (δ_{1T}) и «теплового слоя выталкивающей силы» (h_{T1} и h_{T2}) в зависимости от продольной координаты x вдоль пластины, а на рис.6 - координаты границ «динамического слоя выталкивающей силы» (h_{U2} и h_{U2}) и динамического вязкого подслоя (δ_{1U}). Можно заметить (см. рис.5), как по мере развития турбулентного режима течения начинает формироваться «тепловой слой выталкивающей силы» в непосредственной близости от теплопроводного подслоя. Между этими двумя слоями практически отсутствует буферная область.

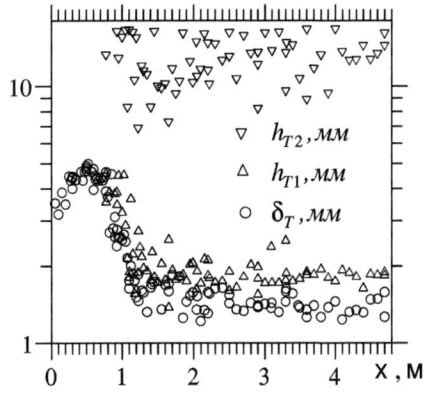

Рис.5 Границы «теплового слоя выталкивающей силы» и теплопроводного подслоя.

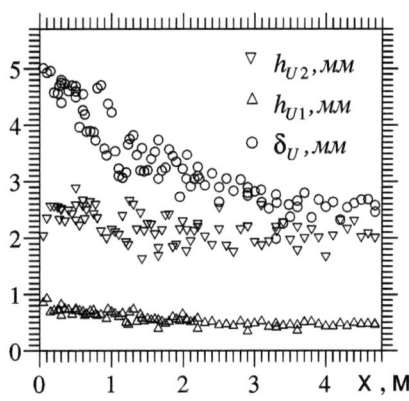

Рис.6 Границы «динамического слоя выталкивающей силы» и динамического вязкого подслоя.

Развитие же «динамического слоя выталкивающей силы» происходит иначе. Вязкий подслой (см. рис.6) полностью «поглощает» очень тонкий «динамический слой выталкивающей силы», причём режим течения слабо влияет на положение его границ. По-видимому, можно сделать вывод о том, что этот слой не имеет самостоятельного значения в структуре свободноконвективного пограничного слоя. А «тепловой слой выталкивающей силы», напротив, является чётко определённой областью, характерной именно для турбулентного режима течения. Этот слой примыкает к теплопроводному подслою, охватывает область максимума средней скорости, а положение его границ при турбулентном режиме течения не изменяется. Зависимость температуры от поперечной координаты в тепловом слое выталкивающей силы для диапазона значений числа Грасгофа $\mathrm{Gr}_x = 7 \cdot 10^9 \div 5 \cdot 10^{11}$ можно описать следующим эмпирическим соотношением:

$$\Theta = 1.25 \cdot \left(\frac{y}{\eta_{\mathrm{in}}}\right)^{-1/3} - 0.24 \quad \text{при} \quad 0.40 \leq \left(\frac{y}{\eta_{\mathrm{in}}}\right)^{-1/3} \leq 0.74. \quad (5)$$

1.3. Измерение теплового потока и напряжения трения на поверхности. Метод определения теплового потока и напряжения трения основан на подробном измерении профилей средних скорости и температуры в узкой пристенной области пограничного слоя. Измерение скорости и температуры производилось с помощью специального зонда с двумя параллельными нитями, расположенными в одной плоскости, параллельной вертикальной поверхности. Такое расположение нитей позволяет производить измерения очень близко от поверхности, вплоть до значений порядка 0.1 мм. Однако из-за влияния стенки на показания ТА нельзя использовать все измерения, полученные вблизи поверхности, т.е. необходимо найти критерий определения левой границы пристенной области. Выбор правой границы этой области также вызывает затруднение из-за отсутствия точного критерия определения координаты в силу асимптотического характера изменения толщины пристенной области. Очевидно, что получение точных значений напряжения трения и теплового потока на поверхности будет зависеть от правильного выбора границ пристенной области.

При небольших перепадах температуры для описания свободноконвективного течения можно воспользоваться приближением Буссинеска. В этом случае уравнения турбулентного свободноконвективного пограничного слоя будут иметь следующий вид:

$$\rho \overline{U}\frac{\partial \overline{U}}{\partial x} + \rho \overline{V}\frac{\partial \overline{U}}{\partial y} = \rho g\beta(\overline{T} - T_\infty) + \frac{\partial}{\partial y}(\mu\frac{\partial \overline{U}}{\partial y} - \rho\overline{uv}) \ , \tag{6}$$

$$\rho C_p(\overline{U}\frac{\partial \overline{T}}{\partial x} + \overline{V}\frac{\partial \overline{T}}{\partial y}) = \frac{\partial}{\partial y}(\lambda\frac{\partial \overline{T}}{\partial y} - \rho C_p\overline{vt}) \ , \tag{7}$$

$$\frac{\partial \overline{U}}{\partial x} + \frac{\partial \overline{V}}{\partial y} = 0 \ , \tag{8}$$

Подробности анализа возможности применения приближения Буссинеска в подобных течениях можно найти, например, в работе [18]. Основной результат этого анализа применительно к рассматриваемым течениям сводится к тому, что приближение Буссинеска можно использовать при умеренных перепадах температуры: $(T_w - T_\infty) \leq 50 \div 80°C$, а иногда и более.

Очевидно, что для замыкания системы уравнений (6-8) необходимо указать вид зависимостей для турбулентного трения $-\rho \overline{uv}$ и теплового потока $-\rho C_p \overline{vt}$.

В дальнейшем будем рассматривать не весь пограничный слой, а только узкую пристенную область. В этом случае можно сделать ряд важных упрощений:

- в области переходного и турбулентного режимов течения можно пренебречь турбулентным трением $-\rho \overline{uv}$ и турбулентным тепловым потоком $-\rho C_p \overline{vt}$;

- при условии, что течение установившиеся и линии тока параллельны поверхности, можно не учитывать левые части уравнений (6) и (7).

Таким образом, система уравнений принимает более простой вид:

$$\nu \frac{d^2 \overline{U}}{dy^2} + g\beta(\overline{T} - T_\infty) = 0 \quad , \tag{9}$$

$$\frac{d^2 \overline{T}}{dy^2} = 0 \tag{10}$$

и с учетом граничных условий на поверхности:

$$\overline{U} = 0 \ , \qquad \frac{d\overline{U}}{dy} = \frac{\tau_w}{\mu} \qquad \text{при} \ \ y = 0 \ , \tag{11}$$

$$\overline{T} = T_w \ , \qquad \frac{d\overline{T}}{dy} = -\frac{q_w}{\lambda} \qquad \text{при} \ \ y = 0 \tag{12}$$

может быть легко проинтегрирована. В результате получим в пристенной области линейный профиль температуры:

$$\overline{T} = T_w - \frac{q_w}{\lambda} y \tag{13}$$

и кубический профиль скорости:

$$\overline{U} = \frac{\tau_w}{\mu}\, y - \frac{g\beta(T_w - T_\infty)}{2\upsilon}\, y^2 + \frac{\rho g q_w}{6\lambda\upsilon}\, y^3. \tag{14}$$

Отметим, что в случае ламинарного режима течения вид зависимостей для температуры и скорости в пристенной области сохранится. Поэтому термином «вязкий подслой», который обычно используется для турбулентного течения, будем называть ту часть пограничного слоя, где справедливы выражения (13) и (14) независимо от режима течения.

Необходимо заметить, что при термоанемометрических измерениях вблизи теплопроводящей поверхности на профиле скорости появляется участок завышенных значений, не соответствующий реальному течению. Попытки получить универсальную корректирующую функцию значений скорости (в зависимости от материала поверхности, расстояния от неё до нити, диаметра нити, температур нити и поверхности и др.) не привели к окончательному решению этой проблемы. Противоречиво мнение авторов различных работ и о влиянии потока на величину поправок к скорости так одни авторы отмечают, что поправки для ламинарного и турбулентного режимов течения у поверхности существенно отличаются друг от друга, тогда как другие напротив, этого отличия не обнаружили.

В работе была произведена оценка максимальной толщины зоны влияния стенки на показания ТА. Очевидно, что максимальное значение толщины получается при отсутствии потока. На рис.7 приведены графики зависимостей напряжения

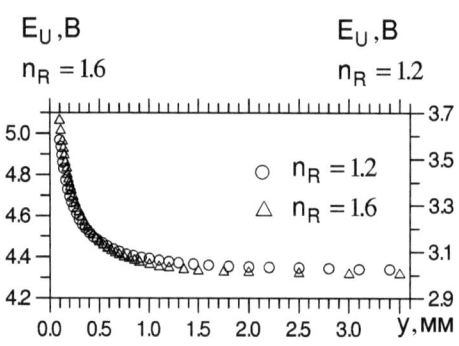

Рис.7 Влияние поверхности на показания ТА при отсутствии потока.

на выходе ТА от поперечной координаты для двух перегревов нити: $n_R = 1.2$ и 1.6. Видно, что максимальная толщина зоны влияния стенки составляет около двух миллиметров и практически не зависит от перегрева. Следует ожидать, что при наличии потока возле нагретой поверхности зона влияния стенки будет тоньше. Во-первых, из-за того, что температура поверхности выше комнатной, следовательно, перепад температур между нитью датчика и поверхностью меньше, а во-вторых, движущийся поток воздуха будет сносить вниз по течению область избыточно нагретого горячей нитью воздуха и тем самым уменьшать теплоотвод от нити к поверхности. Это предположение подтвердилось впоследствии. Толщина зоны влияния стенки, найденная из эксперимента, для ламинарного режима течения не превышала 1.0мм, а для турбулентного - не более 0.5мм.

Отсутствие надёжного способа коррекции показаний ТА около поверхности неизбежно приведёт к ошибкам в определении напряжения трения на стенке, если кубическую аппроксимацию (14) проводить по экспериментальным точкам, в число которых войдут значения скорости в зоне влияния стенки (пусть даже и скорректированные каким-либо способом). На наш взгляд, ошибка в определении τ_W будет значительно меньше, если область влияния стенки вообще исключить из зоны кубической аппроксимации (14). Тогда автоматически отпадает необходимость в проведении сложной и, главное, неоднозначной процедуры коррекции значений скорости вблизи поверхности.

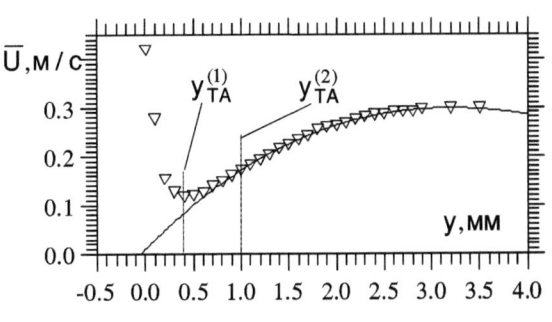

Рис.8 Определение толщины зоны влияния стенки на показания ТА.

На рис.8 изображён участок типичного профиля осреднённой скорости вблизи поверхности. В качестве первого приближения для толщины y_{TA} зоны влияния стенки можно

принять координату $y_{TA}^{(1)}$, в которой значение средней скорости минимально

(см. рис.8). Однако нетрудно заметить, что при подобном выборе левой

границы зоны кубической аппроксимации (или, что то же самое, толщины

зоны влияния стенки) на профиле скорости остаётся участок, имеющий

перегиб (в точке $y_{TA}^{(2)}$). Начиная с этой точки, первая производная от скорости

по координате ($d\overline{U}/dy$) при движении извне к стенке перестаёт нарастать и

начинает уменьшаться. На самом деле, поскольку скорость в вязком подслое

подчиняется зависимости (14), производная $d\overline{U}/dy$ должна нарастать

непрерывно при движении извне к стенке до максимального значения на

поверхности. Приняв в качестве второго приближения для толщины зоны

влияния стенки координату $y_{TA}^{(2)}$, тем самым исключается не только область

отрицательной производной ($0 \le y \le y_{TA}^{(1)}$), но и область, в которой

производная положительна, но меньше, чем в точке перегиба

($y_{TA}^{(1)} \le y \le y_{TA}^{(2)}$).

При помощи описанного алгоритма (учет зоны влияния стенки на

показания ТА) были определены толщины динамического и теплового вязкого

подслоя (δ_{1U} и δ_{1T}).

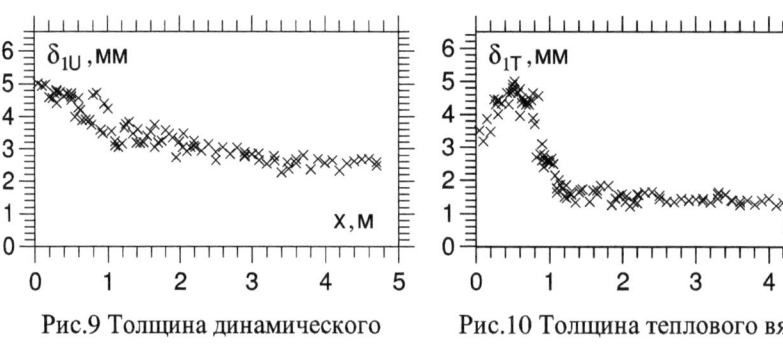

Рис.9 Толщина динамического   Рис.10 Толщина теплового вязкого
вязкого подслоя.   подслоя.

Результаты представлены на рис.9, 10 в виде зависимости от продольной координаты. Напомним, что термин «вязкий подслой» в зоне ламинарного режима течения соответствует области, в которой справедливы соотношения (13, 14). Можно отметить, что величина δ_{1U} изменяется монотонно от значений $(4.5 \div 5.0)$ мм в ламинарной зоне течения до $(3 \div 4)$ мм в начале турбулентной области, в которой она также продолжает слабо уменьшатся от $(3 \div 4)$ мм при $x \approx 1.5$ м до $(2.3 \div 2.7)$ мм на расстоянии от передней кромки пластины $x = (3.5 \div 4.7)$ м. Совершенно иначе ведёт себя тепловой вязкий подслой. На рис.10 отчетливо видно, как толщина δ_{1T} растёт приблизительно от 3.5 мм вблизи нижней кромки пластины до $(4.5 \div 5.0)$ мм в конце ламинарной области. Этот рост идёт одновременно с увеличением общей толщины свободноконвективного пограничного слоя по мере возрастания продольной координаты, так что отношение δ_{1T}/δ_{T} почти не меняется. В области перехода наблюдается резкое уменьшение величины δ_{1T} от $(4.5 \div 5.0)$ мм при $x = (0.5 \div 0.6)$ м до $(1.35 \div 1.8)$ мм в конце зоны перехода - при $x = (1.2 \div 1.4)$ м. На рис.10 хорошо видно, что на протяжении всей области турбулентного пограничного слоя толщина теплового вязкого подслоя практически не изменяется в пределах $\delta_{1T} = (1.3 \div 1.6)$.

Принимая во внимание, сказанное выше, можно сделать вывод, что толщину теплового вязкого подслоя δ_{1T} можно использовать в качестве критерия для определения границ области перехода к полностью развитому турбулентному режиму течения. В то же время, поскольку изменение толщины динамического вязкого подслоя во всей исследуемой области носит монотонный характер, использование δ_{1U} с аналогичной целью не представляется возможным.

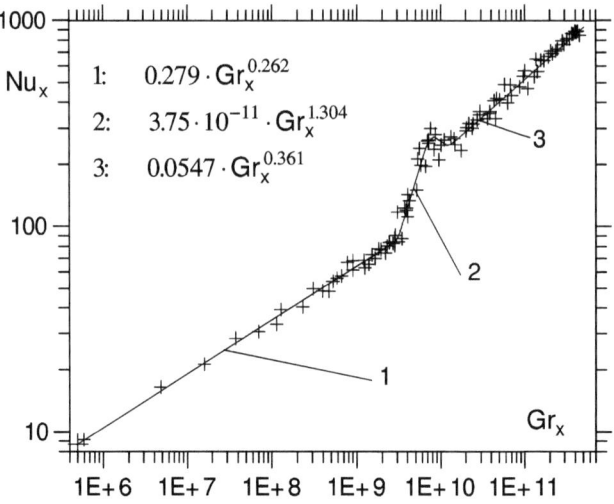

Рис 11 Зависимость локального числа Нуссельта от числа Грасгофа.

Результаты измерения теплового потока на поверхности представлены на рис.11 в виде критериальной зависимости локального числа Нуссельта $Nu_x = hx/\lambda_W$ от числа Грасгофа Gr_x. Здесь $h = q_W/\Delta T$ - локальный коэффициент теплоотдачи от поверхности к воздуху, а λ_W - теплопроводность воздуха при температуре поверхности. Аппроксимация экспериментальных точек в зоне ламинарного течения (рис.11, кривая 1) позволяет получить следующую зависимость:

$$Nu_x = 0.279 \cdot Gr_x^{0.262} \quad \text{при} \quad Gr_x = 5 \cdot 10^5 \div 2.8 \cdot 10^9 \ , \tag{15}$$

а в зоне развитой турбулентности (рис.11, кривая 3) обобщение данных приводит к выражению:

$$Nu_x = 0.0547 \cdot Gr_x^{0.361} \quad \text{при} \quad Gr_x = 1.4 \cdot 10^{10} \div 5 \cdot 10^{11} \ . \tag{16}$$

Можно отметить, что показатели степени числа Грасгофа в выражениях (15) и (16) близки к общепринятым значениям для ламинарного и турбулентного режимов течения у вертикальной поверхности: 1/4 и 1/3, соответственно.

Подробные и тщательные измерения в переходной области, позволяет рекомендовать для описания теплоотдачи в зоне перехода следующее выражение (рис.11, кривая 2):

$$Nu_x = 3.75 \cdot 10^{-11} \cdot Gr_x^{1.304} \quad \text{при} \quad Gr_x = (3.5 \div 6.3) \cdot 10^9 \ . \quad (17)$$

Следует отметить локальное увеличение числа Нуссельта в конце зоны перехода (см. рис.11). Аналогичное явление наблюдали также авторы работ [6,7]. Для объяснения данного явления сначала проанализируем результаты, представленные на рис.12, на котором приведена зависимость максимальной по сечению осреднённой скорости от числа Грасгофа. Видно, что в зоне перехода ($Gr_x = (2 \div 3) \cdot 10^9$ – $(0.8 \div 1.3) \cdot 10^{10}$) максимальная скорость уменьшается от значений $(0.48 \div 0.52)$м/с до величины порядка 0.4м/с, то есть примерно на 20%. При этом изменение максимальной по сечению скорости в переходной области происходит практически одновременно с уменьшением производной $d\overline{U}/dy\big|_{y=0}$.

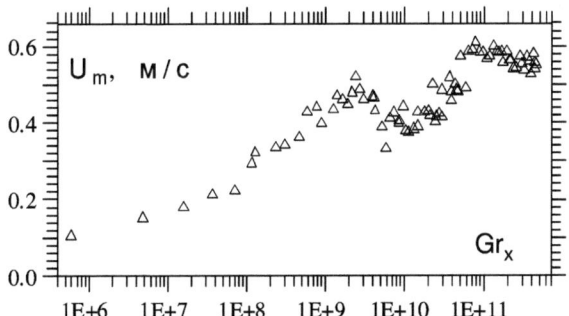

Рис.12 Зависимость максимальной по сечению продольной скорости от числа Грасгофа.

Подобные изменения скоростных характеристик протекают на фоне резкого возрастания уровня пульсаций и быстрого роста толщины пограничного слоя. Можно предположить, что резкое усиление пульсационного движения является основной причиной подобных явлений. Во-первых, энергия осреднённого движения, направленная до начала перехода только на ускорение ламинарного течения в продольном направлении (рост U_m в ламинарной области), начинает «перекачиваться» к пульсационному движению; одновременно с этим происходит захват новых порций холодного воздуха с внешней границы пограничного слоя (растет толщина слоя, увеличивается перемежаемость). Вследствие чего резко увеличивается масса воздуха, участвующая в подъёмном (в продольном направлении) движении. Из-за конечной скорости прогрева температура этой массы воздуха, в среднем, падает, и, следовательно, уменьшается выталкивающая сила, являющаяся единственным источником движения. Этот процесс, с одной стороны, вызывает падение максимального значения скорости, а также уменьшение наклона профиля скорости у поверхности (то есть уменьшение напряжения трения на поверхности τ_W), а с другой стороны, способствует увеличению интенсивности теплообмена, что в конечном итоге приводит к образованию локального максимума в зависимости $Nu_x(Gr_x)$ (см. рис.12).

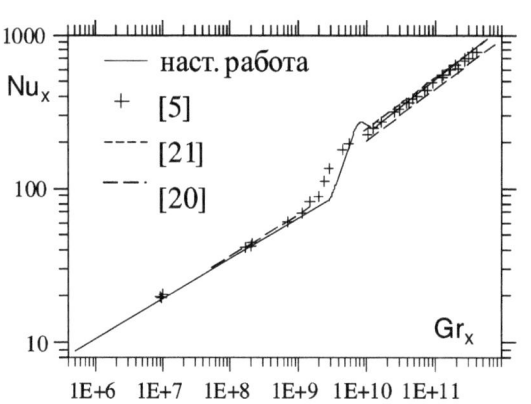

Рис.13 Сравнение числа Нуссельта с данными различных работ.

На рис.13 приведены результаты настоящей работы (в виде аппроксимаций (15 - 17)) и работ других авторов по исследованию теплообмена в подобных течениях. Видно, что в целом различие результатов невелико, заметно лишь некоторое отличие в переходной области. По нашим данным границы зоны перехода можно определить следующим образом: $2.8 \cdot 10^9 \leq Gr_x \leq 1.4 \cdot 10^{10}$.

Наряду с исследованием теплоотдачи проводилось измерение напряжения трения на поверхности. Ввиду сложности подобных измерений, количество имеющихся в литературе экспериментальных результатов не

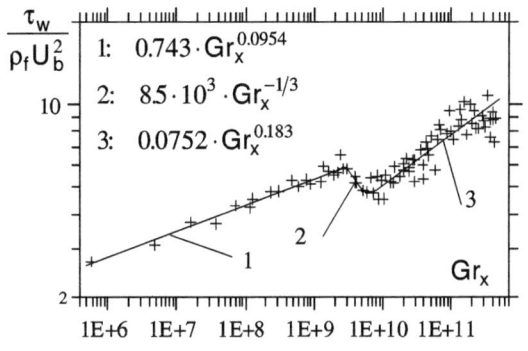

велико. В данном исследовании при помощи описанного алгоритма было обработано более ста профилей осреднённой скорости, причём подробно изучалась не только турбулентная зона течения, но также

Рис.14 Зависимость напряжения трения от числа Грасгофа.

переходная и ламинарная области. На рис.14 представлены результаты этой обработки в форме зависимости отношения $\tau_W/(\rho_f\,U_b^2)$ от числа Грасгофа Gr_x, где $U_b = \sqrt[3]{g\beta\Delta T\nu_f}$ - масштаб скорости. Результаты измерений были аппроксимированы в виде зависимости безразмерного трения $\tau_W/(\rho_f\,U_b^2)$ от числа Грасгофа Gr_x.

В ламинарной области эта зависимость может быть представлена выражением:

$$\frac{\tau_w}{\rho U_b^2} = 0.246 \times Gr_x^{0.149} \qquad \text{при} \quad Gr_x = 5.9\cdot10^5 \div 2\cdot10^9. \qquad (18)$$

Следует отметить, что полученные в настоящей работе результаты в ламинарной области течения достаточно хорошо совпадают с экспериментальными данными [5], а также с теоретически полученной в [22] зависимостью: $\tau_W/(\rho_f\,U_b^2) = 0.954\cdot Gr_x^{1/12}$ (см. рис.15).

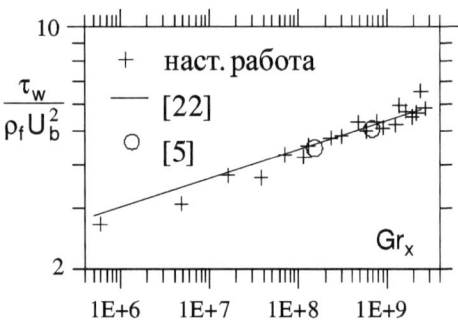

Рис.15 Напряжение трения в ламинарной области.

В турбулентной области для аппроксимации значений напряжения трения можно предложить следующую зависимость:

$$\frac{\tau_w}{\rho U_b^2} = 0.0752 \times Gr_x^{0.183} \qquad при\, Gr_x = 7.9 \times 10^9 \div 4.5 \times 10^{11}, \quad (19)$$

а в области перехода можно использовать следующее соотношение:

$$\frac{\tau_w}{\rho U_b^2} = 8.45 \times 10^3 \times Gr_x^{-\frac{1}{3}} \qquad при \quad Gr_x = 2.5 \times 10^9 \div 5.5 \times 10^9. \quad (20)$$

Необходимо отметить, что уменьшение напряжения трения на стенке в зоне перехода коренным образом отличает свободноконвективный поток от вынужденноконвективного, в котором трение на стенке возрастает. Если в качестве критериев существования ламинарного и турбулентного режимов течения в свободноконвективном пограничном слое принять выполнение зависимостей (18) и (20), соответственно, то границы переходной области по данным настоящей работы можно определить следующим диапазоном значений числа Грасгофа $2.3 \cdot 10^9 \leq Gr_x \leq 7.9 \cdot 10^9$.

На рис.16 сравниваются результаты настоящей работы (в виде аппроксимационных зависимостей (18-20)) с экспериментальными данными других авторов [5,6,8,23,24]. В качестве переменной принято число Рэлея Ra_x, чтобы можно было сопоставить результаты, полученные в разных физических средах. Заметен довольно существенный разброс в экспериментальных данных различных авторов, как по величине отношения $\tau_W\big/(\rho_f U_b^2)$, так и по характеру зависимостей: в частности, можно отметить разный наклон кривых, а также различное положение и протяжённость переходной области.

Возможным объяснением подобного поведения результатов может быть недостаточно подробное измерение профиля скорости вблизи стенки. Наклон

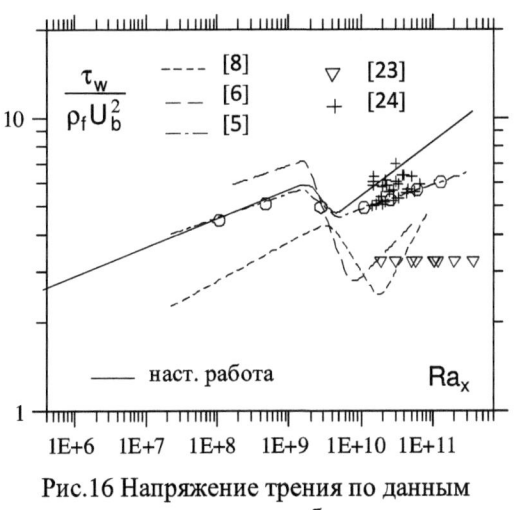

Рис.16 Напряжение трения по данным различных работ.

кривой $\tau_W\big/(\rho_f U_b^2) = f(Ra_x)$, полученный в настоящей работе, в ламинарной области близок к соответствующей величине из работ [5,6,8], а в турбулентной зоне наклон кривой (20) соответствует промежуточной величине между данными [23,24,5] с одной стороны и [6,8] - с другой. Наибольшее сходство, на наш взгляд, наблюдается между результатами настоящей работы и [5], авторы которой измеряли скорость термоанемометром и особое внимание уделяли исследованию именно пристенной области. Сходство наблюдается в первую очередь в зоне ламинарного течения, а также по положению и протяжённости переходной области. Необходимо отметить, что в работе [5] при вычислении τ_W включались в рассмотрение скорректированные значения скорости в непосредственной близости у поверхности, когда сказывается влияние стенки на показания ТА. Такой подход, как отмечалось выше, может привести к неверному вычислению напряжения трения на поверхности. В связи с вышесказанным, обработка в настоящей работе более чем ста профилей скорости по описанной методике, по нашему мнению, даёт статистически обоснованные результаты по распределению напряжения трения вдоль поверхности.

2. ИССЛЕДОВАНИЕ ПУЛЬСАЦИОННОГО ДВИЖЕНИЯ В СВОБОДНОКОНВЕКТИВНОМ ПОГРАНИЧНОМ СЛОЕ.

2.1. Область развитого турбулентного течения. При исследовании свободноконвективного течения в первую очередь следует учитывать, что интенсивность пульсаций в таких потоках значительно больше, чем в вынужденноконвективных течениях. Интенсивность пульсаций температуры $I_T = \sqrt{\overline{t^2}}\big/\Delta T$ в зоне развитого турбулентного течения может достигать значений порядка 0.15-0.20, а интенсивность пульсаций продольной скорости $I_U = \sqrt{\overline{u^2}}\big/U_m$ составляет от 0.3 до 0.4, а по некоторым данным достигает значения - 0.5. Очевидно, что процесс измерений пульсационных характеристик в подобных течениях сопряжен с большими трудностями, требующими особых методов измерений. Упрощение процесса измерений приводит к ограничениям области применимости используемых методик измерений, а это в свою очередь ведёт к снижению степени достоверности получаемых результатов. В связи с этим, несмотря на то, что пульсационные характеристики в подобных течениях измеряются уже давно (по крайней мере, измерение пульсаций температуры), можно отметить не только количественное, но и качественное расхождение в полученных различными авторами результатах.

Как отмечалось выше, используемая в настоящей работе при термоанемометрических измерениях методика термокомпенсации по актуальной температуре не накладывает ограничений ни на степень неизотермичности потока, ни на интенсивность пульсационного движения. Данная методика была применена для проведения систематических измерений интенсивности пульсаций температуры и двух компонент вектора скорости в переходной и турбулентной областях течения.

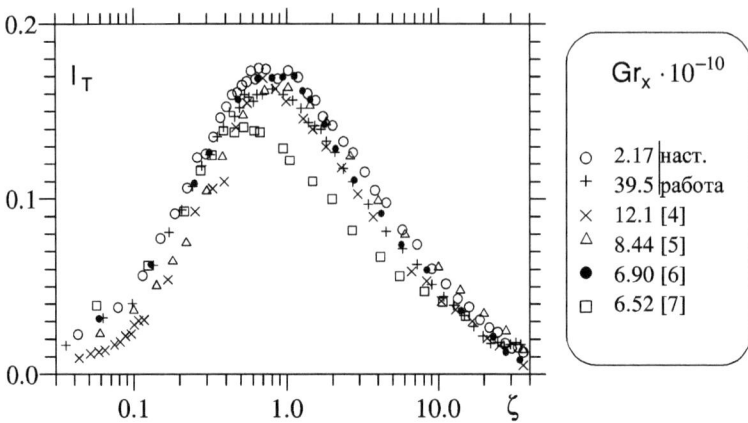

Рис. 17 Профили интенсивности пульсаций температуры в турбулентной области.

На рис.17 представлены профили интенсивности пульсаций температуры I_T в сравнении с результатами различных работ. Можно отметить хорошее совпадение с большинством данных других авторов. Интенсивность I_T достигает максимального значения в точке с координатой $\zeta \approx 0.7$ ($\zeta = y \cdot Nu_x / x$), что в размерном виде соответствует расстоянию около 4мм от стенки. Несколько отличаются данные работы [7], в которой для измерения температуры использовалась термопара.

Совершенно иначе обстоит дело с измерениями пульсаций скорости. На рис.18 представлены распределения интенсивности пульсаций продольной компоненты скорости I_U, а на рис.19 – интенсивность I_V пульсаций поперечной составляющей скорости в сравнении с данными других работ. Наблюдается существенное отличие результатов настоящей работы от большинства данных других авторов, причём это различие проявляется не только в количественном, но и в качественном отношении.

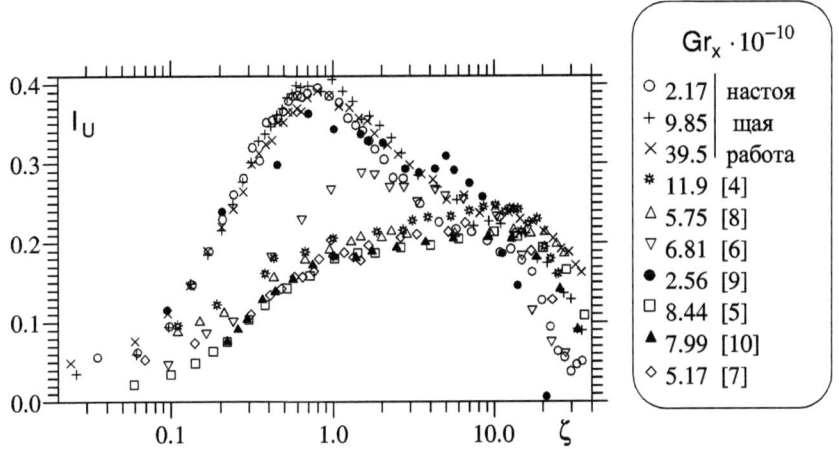

Рис.18 Профили интенсивности пульсаций продольной компоненты вектора скорости в турбулентной области.

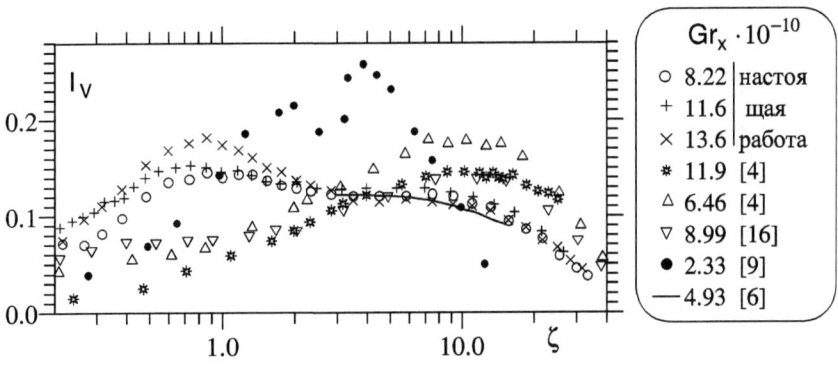

Рис.19 Профили интенсивности пульсаций нормальной компоненты вектора скорости в турбулентной области.

По нашим данным максимум пульсаций скорости образуется вблизи стенки - между границей вязкого подслоя и координатой максимума средней скорости. Характерная координата максимальной интенсивности пульсаций скорости - $\zeta \approx 0.8 \div 0.9$, а в размерных величинах - около 5мм от поверхности, т.е. немного дальше от стенки, чем координата максимума I_T. Подобное расположение максимальных значений I_U и I_V, на наш взгляд, не противоречит физике течения. В самом деле, вблизи стенки градиент средней температуры близок к максимальному значению и, следовательно, выталкивающая сила (или сила Архимеда), участвующая в генерации пульсационного движения, также максимальна. В то же время из-за тормозящего влияния стенки на течение градиент средней скорости в этой области также достигает большого значения. Поэтому вполне закономерно, что максимальная генерация пульсаций наблюдается вблизи границы вязкого подслоя в области больших градиентов скорости и температуры. Однако, на рис.18 и 19 видно, что по данным большинства авторов максимум пульсаций, напротив, находится во внешней области, где градиенты скорости и температуры существенно меньше. Заметим также, что по нашим данным во внешней области вместо образования максимума в распределении интенсивностей продольной I_U и поперечной I_V составляющих скорости на соответствующих графиках наблюдается образование небольшой «полочки», после которой интенсивности резко уменьшаются.

По-видимому, подобное расхождение в результатах разных авторов связано с особенностями применяемых методик измерения скорости. В частности, в работе [5] для измерения скорости использовался термоанемометр с аналоговой термокомпенсацией. При этом погрешности термокомпенсации, всегда имеющие место при использовании любой модели, описывающей теплообмен между нагретой проволочкой ТА и окружающим воздухом, неизбежно сказываются на результатах измерения скорости. Данные [9,8,7,4] получены при помощи ЛДИС, а этот метод, как известно, может несколько исказить результаты измерений в области высоких градиентов скорости и температуры. Результаты, качественно похожие на наши данные, получены в работе [6], где для измерения скорости использовался термоанемометр, а обработка сигналов производилась в цифровой форме. Вероятно, можно предположить, что использование актуального значения температуры для термокомпенсации сигнала ТА, наряду с дискретной обработкой сигнала, когда все существующие в потоке частоты регистрируются без искажений, позволяют получить результаты, адекватно отражающие реальные свойства течения. Использование различных методик измерения скорости могут привести к получению существенно различающихся результатов даже у одних и тех же авторов. Так на рис.18 и 19 хорошо видно большое количественное и качественное отличие результатов, полученных в работах [4] и [9] при измерениях с помощью ЛДИС на одной и той же экспериментальной установке с разницей во времени в 12 лет.

2.2. Область ламинарно-турбулентного перехода. Выше отмечалось, что высокий уровень пульсационного движения существенно затрудняет измерения в турбулентной области свободноконвективного пограничного слоя. Очевидно, что в зоне перехода, в первую очередь из-за сильного влияния перемежаемости течения, эти трудности ещё больше, и они зачастую становятся непреодолимым барьером при исследовании переходной области. Видимо поэтому в литературе практически отсутствуют данные по профильным характеристикам в переходной области свободноконвективного пограничного слоя.

Из известной нам литературы можно указать лишь на две работы [5,9], в которых проводились измерения интенсивности пульсаций скорости и температуры в переходной области свободноконвективного пограничного слоя. Причем в работе [5] профили интенсивности пульсаций I_U и I_T были измерены лишь в одном сечении пограничного слоя и при этом полученные профили практически не отличаются от соответствующих профилей в турбулентной области, а максимум I_U находится по-прежнему во внешней части пограничного слоя. В связи со сказанным выше следует отметить, что измерение пульсационных характеристик в зоне перехода становится особенно актуальным.

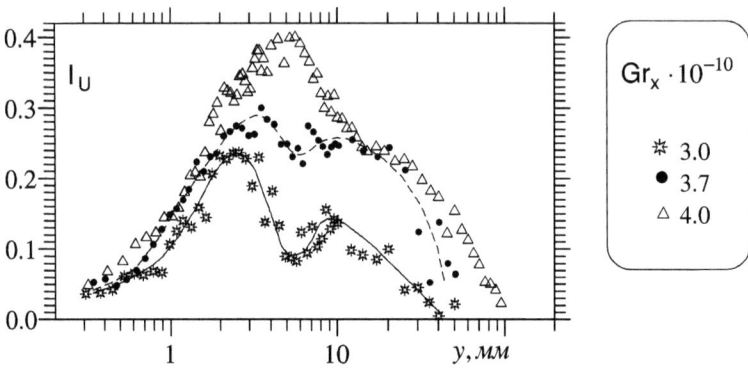

Рис.20 Профили интенсивности пульсаций продольной компоненты вектора скорости в переходной области.

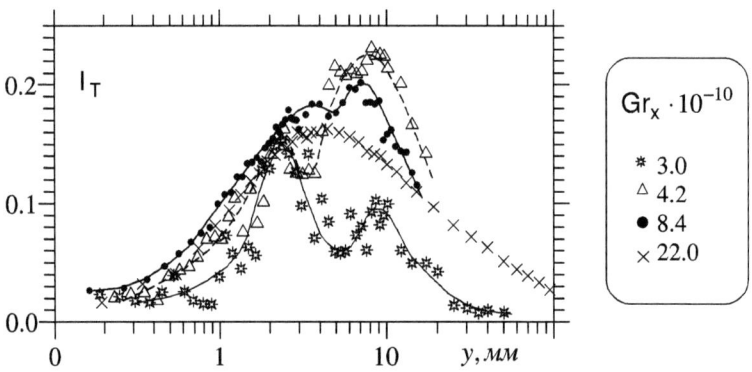

Рис.21 Профили интенсивности пульсаций температуры в переходной области.

При помощи, разработанной в настоящей работе методики измерений, были получены профили $I_U(y)$ и $I_T(y)$ в переходной области свободноконвективного пограничного слоя. Результаты представлены на рис.20 и 21 (для более четкого представления формы профилей в отдельных случаях экспериментальные точки продублированы кривыми, полученными методом наименьших квадратов). Видно, что в начале переходной области ($Gr_x = 3 \cdot 10^{10}$) профили интенсивностей пульсаций имеют два максимума: один расположен вблизи границы вязкого подслоя, а другой - в зоне максимума средней скорости. Далее вниз по потоку по мере развития пограничного слоя два максимума сливаются в один большой максимум, а профили интенсивностей пульсаций приобретают форму, характерную для развитого турбулентного режима. В цитируемой выше работе [9] при измерениях в воздухе авторы тоже заметили образование двух максимумов на профиле $I_U(y)$ в переходной области, а авторы [11] отметили аналогичное явление при опытах с водой. Однако, недостаток информации в работах [9,11] не позволяет сделать какие-либо выводы о расположении этих максимумов относительно характерных областей пограничного слоя.

Результаты подробного изучения физических аспектов процессов, происходящих в зоне ламинарно-турбулентного перехода, с использованием корреляционного и спектрального анализа пульсационного движения представлены в работе [17].

2.3. Определение границ области перехода по пульсационным характеристикам потока. Определение границ переходной зоны осложняется, прежде всего, перемежающимся характером течения в этой зоне. Основной количественной характеристикой этого явления служит коэффициент перемежаемости - доля времени существования турбулентного режима течения в данном сечении пограничного слоя по отношению ко всему времени наблюдения за процессом. Коэффициент перемежаемости равен нулю в ламинарном течении и единице в полностью развитом турбулентном течении. Область перехода ламинарного режима течения в турбулентный включает в себя несколько различных зон, в которых последовательно осуществляется процесс развития возмущений, приводящих в конечном итоге к турбулентности. Отсутствие единого критерия начала, а равно и конца, зоны перехода вызывает дополнительные трудности при её выделении и сравнении экспериментальных результатов различных авторов.

Например, в работе [25] за начало зоны перехода принята координата, начиная с которой в потоке присутствуют регулярные пульсации скорости и температуры. Часто под началом переходной области понимают точку (сечение пограничного слоя), где развивающиеся возмущения нарастают настолько заметно, что начинают изменять ламинарные профили осреднённых характеристик в потоке. В то же время автор [19] указывает, что консервативность профилей температуры и скорости позволяет сохранять им автомодельную форму на значительном участке зоны перехода, когда пульсации температуры и скорости уже достигают заметных величин.

Известно, что в случае вынужденной конвекции на плоской пластине в зоне перехода в ограниченных областях течения возникает турбулентность, сосуществующая с областями ламинарного течения. Эти так называемые «пятна Эммонса» распространяются по течению в пограничном слое и, в частности, в переходной области являются причиной образования перемежаемости. Процесс образования пятен Эммонса, приводящий в конечном итоге к формированию полностью развитого турбулентного течения, обычно связывают с понятием точки перехода, для которой характерно максимальное значение интенсивности турбулентности. При экспериментальном исследовании вынужденной конвекции на плоской пластине, как отмечается в работе [26], в начале зоны перехода возникают низкочастотные пульсации, интенсивность которых сначала быстро растёт, а затем уменьшается до определённого значения, которое практически не изменяется на протяжении всей области развитого турбулентного течения. Именно область максимальной интенсивности турбулентности часто считают концом зоны перехода. Однако в [26] было показано, что максимальная интенсивность пульсаций обусловлена увеличением частоты появления и развитием пятен Эммонса и соответствует сечению, в котором коэффициент перемежаемости порядка 0.5, т.е. когда процесс развития турбулентного режима еще далек от завершения.

В случае свободноконвективного течения также наблюдается немонотонное изменение интенсивности турбулентных пульсаций скорости и температуры вдоль поверхности. Для сравнения различных сечений пограничного слоя между собой удобно ввести понятие максимальной по сечению слоя интенсивности пульсаций продольной скорости $I_{Um} = \max\limits_{0 < y \leq \delta_U} I_U$ и температуры $I_{Tm} = \max\limits_{0 < y \leq \delta_T} I_T$.

В литературе имеется ограниченное число работ, в которых исследуется поведение интенсивностей I_{Um} и I_{Tm} по мере увеличения продольной координаты. Однако практически во всех работах отмечается резкий рост максимальной интенсивности пульсаций до середины переходной области и последующее их некоторое уменьшение в конце зоны перехода с выходом на постоянное значение в турбулентной области [5-7,9,19,25]. Максимальное значение величины I_{Tm} (по данным [25] порядка 0.18) достигается при $Gr_x = 4.4 \cdot 10^9$, а выход величины I_{Tm} на постоянное значение (около 0.16) происходит при $Gr_x = 1.6 \cdot 10^{10}$ и это значение числа Грасгофа соответствует концу зоны перехода. Согласно данным [9], величина I_{Tm} в переходной области достигает значения 0.23 и далее уменьшается в зоне турбулентного течения до уровня порядка 0.2, Интенсивность пульсаций скорости I_{Um} ведёт себя практически так же, достигая в переходе значения 0.48, а в турбулентной области - порядка $0.25 \div 0.30$. Аналогичное поведение интенсивности пульсаций температуры отмечается в работах [5,6].

Из сказанного выше ясно, что поведение интенсивностей турбулентных пульсаций скорости и температуры имеет сложный немонотонный характер. И если анализ поведения интенсивности турбулентных пульсаций температуры приводит практически к однозначному выводу, по крайней мере, результаты различных авторов не противоречат друг другу, то с измерениями уровня пульсаций скорости дело обстоит намного сложнее. В разных работах данные по величине I_{Um} отличаются более чем в два раза, как в переходной так и в турбулентной областях течения. По-видимому, использование различных методик измерения скорости приводит в конечном итоге к различным значениям уровня турбулентных пульсаций.

В настоящей работе, на основе разработанной методики измерения скорости, было исследовано поведение интенсивности пульсаций продольной компоненты вектора скорости в переходной области с целью определения границ этой области. Причем для получения наиболее достоверных данных, измерения проводились достаточно подробно, с небольшим шагом по продольной координате (всего в переходной области было проанализировано около ста профилей I_U и I_T).

На рис.22 и 23 представлены зависимости максимальных по сечению интенсивностей турбулентных пульсаций температуры и скорости, соответственно. Видно, что характер изменения этих величин соответствует аналогичным результатам других работ. Значительное количество экспериментально исследованных сечений пограничного слоя позволяет сделать достаточно обоснованные выводы как о положении границ зоны перехода, так и о характерных величинах интенсивности турбулентности.

Анализ результатов (см. рис.22 и 23) показывает, что первый существенный рост пульсаций температуры отмечается уже при числах Грасгофа около $(5 \div 7) \cdot 10^8$, тогда как пульсации скоростного поля практически отсутствуют. Первый заметный рост величины I_{Um} обнаруживается несколько позже - при числе Грасгофа $(7 \div 9) \cdot 10^8$. Можно заметить также, что достижение максимальных величин интенсивности пульсаций скорости и температуры и последующий их выход на соответствующие постоянные значения происходит при различных значениях числа Грасгофа. Интенсивность I_{Tm} достигает величины $0.23 \div 0.24$ при

$Gr_x = (4 \div 6) \cdot 10^9$, а I_{Um} возрастает до $0.50 \div 0.55$ при $Gr_x = (8 \div 10) \cdot 10^9$.

Выход на постоянный уровень пульсаций температуры ($I_{Tm} = 0.15 \div 0.17$) происходит при $Gr_x = (1.0 \div 1.5) \cdot 10^{10}$, тогда как пульсации скорости перестают изменяться только при $Gr_x = (2 \div 3) \cdot 10^{10}$, достигая при этом значений $0.39 \div 0.45$.

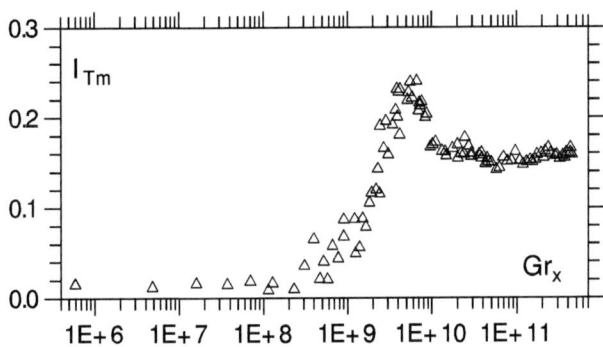

Рис.22 Максимальная интенсивность пульсаций температуры.

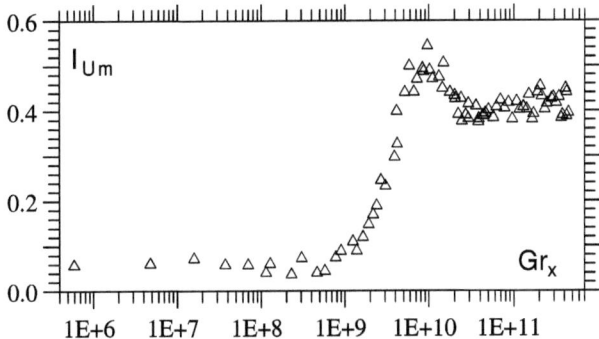

Рис.23 Максимальная интенсивность пульсаций продольной компоненты вектора скорости.

Подобное поведение интенсивностей пульсаций температуры и скорости свидетельствует о том, что переход, определяемый по тепловым характеристикам течения, начинается (и заканчивается) раньше, чем по динамическим. Естественно, пульсации температуры сами по себе возникать не могут, они появляются вследствие развития пульсаций скорости, которые, в свою очередь, переносят частички воздуха, имеющие разную температуру и, как следствие, возникают температурные пульсации. Эти пульсации температуры, являясь источником пульсирующей выталкивающей силы, как бы раскачивают все течение, ускоряя переходные процессы, иными словами, «тепловой переход является инициатором перехода по скорости». В этом проявляется одно из отличий свободноконвективных течений от неизотермических вынужденноконвективных течений, в которых температура является пассивно изменяющейся (под действием скоростного поля) величиной.

2.4. Профили турбулентного напряжения трения и двух компонент вектора турбулентного теплового потока. Важнейшим аспектом экспериментального исследования турбулентных течений является измерение компонент тензора турбулентных напряжений и составляющих вектора турбулентного теплового потока. Отсутствие систематических данных по этим величинам является серьёзным препятствием на пути создания новых моделей турбулентности. Особенно остро ощущается эта проблема при анализе свободноконвективных течений. Практически отсутствуют достаточно надёжные и статистически обоснованные данные по таким важным характеристикам, как турбулентное напряжение трения $\tau_{xy} = -\rho\overline{uv}$, продольная и поперечная компоненты вектора турбулентного теплового потока ($q_x = -\rho\, C_p \overline{ut}$ и $q_y = -\rho\, C_p \overline{vt}$, соответственно).

Поскольку измерение двух компонент вектора скорости в свободноконвективном пограничном слое представляет собой достаточно сложную задачу, то зачастую авторы экспериментальных работ ограничиваются измерением только одной (продольной) составляющей вектора скорости. Поэтому чаще других характеристик в литературе встречаются данные по распределению продольной компоненты вектора турбулентного потока тепла q_x, хотя при анализе теплообмена гораздо важнее знать распределение поперечной компоненты теплового потока q_y.

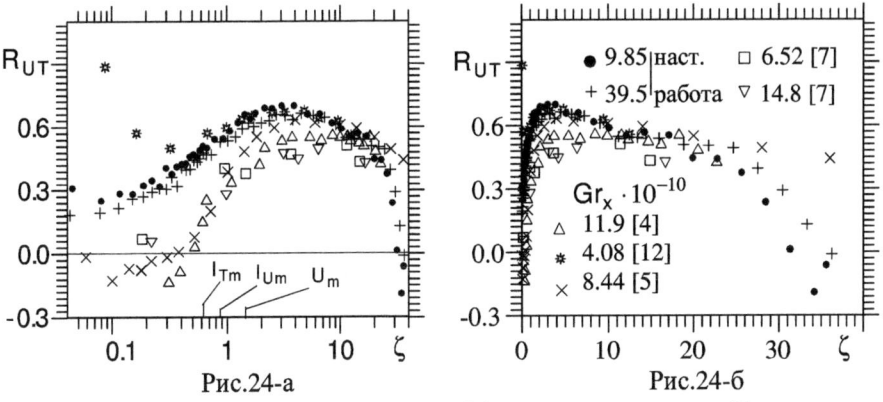

Рис.24-а   Рис.24-б

Рис.24 Распределение коэффициента корреляции R_{UT}.

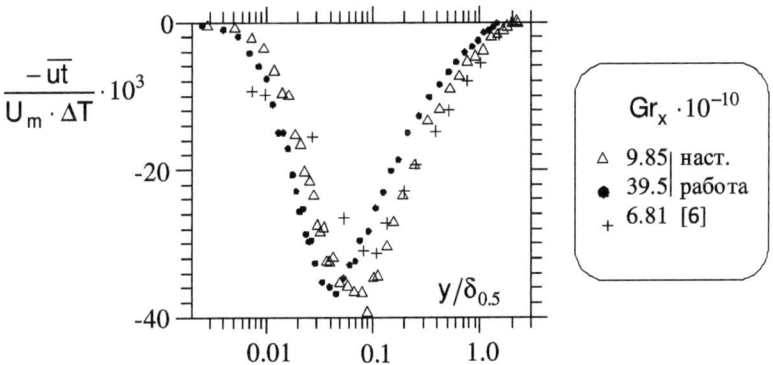

Рис.25 Профили продольной компоненты турбулентного теплового потока.

В настоящей работе представлены результаты измерения турбулентного напряжения трения τ_{xy} ($\tau_{xy} = -\rho \overline{uv}$) и двух компонент вектора турбулентного теплового потока ($q_x = -\rho\, C_p \overline{ut}$) и ($q_y = -\rho c_p \overline{vt}$). Результаты измерения продольной компоненты вектора турбулентного теплового потока в виде коэффициента корреляции $R_{UT} = \overline{ut}/\left(\overline{u^2}\,\overline{t^2}\right)^{1/2}$ (поскольку в такой форме представлено большинство имеющихся в литературе результатов) приведены на рис.24, а на рис.25 в виде отношения $\dfrac{-\overline{ut}}{U_m \cdot \Delta T}$.

Заметим, что для более детального анализа экспериментальных данных в узкой пристенной области соответствующие рисунки продублированы с использованием разных масштабов по оси абсцисс (линейный и логарифмический).

На этих рисунках и на всех последующих, на оси абсцисс отмечены координаты максимальных значений интенсивностей пульсаций температуры I_{Tm} и продольной скорости I_{Um}, а также координата максимального значения средней скорости U_m в данном сечении пограничного слоя.

Анализ данных, представленных на рис.24,25 показывает, что характер изменения продольной компоненты вектора теплового потока по нашим данным и данными других авторов в основном совпадает. Однако в пристенной области наблюдается заметное расхождение результатов, причем подобное различие имеет место и между данными других авторов.

Профили турбулентного трения τ_{xy}, полученные в настоящей работе, изображены на рис.26 вместе с данными других авторов. В качестве общего замечания по представленным результатам следует отметить, что наблюдается заметное отклонение всех данных друг от друга.

При проведении более подробного сравнительного анализа представленных результатов следует отметить следующее обстоятельство. Если предположить, что напряжение трения τ_{xy} пропорционально градиенту продольной средней скорости ($\tau_{xy} \propto \partial\overline{U}/\partial y$), то в свободноконвективном пограничном слое знак напряжения турбулентного трения поперек слоя должен меняться (профиль средней скорости имеет локальный максимум).

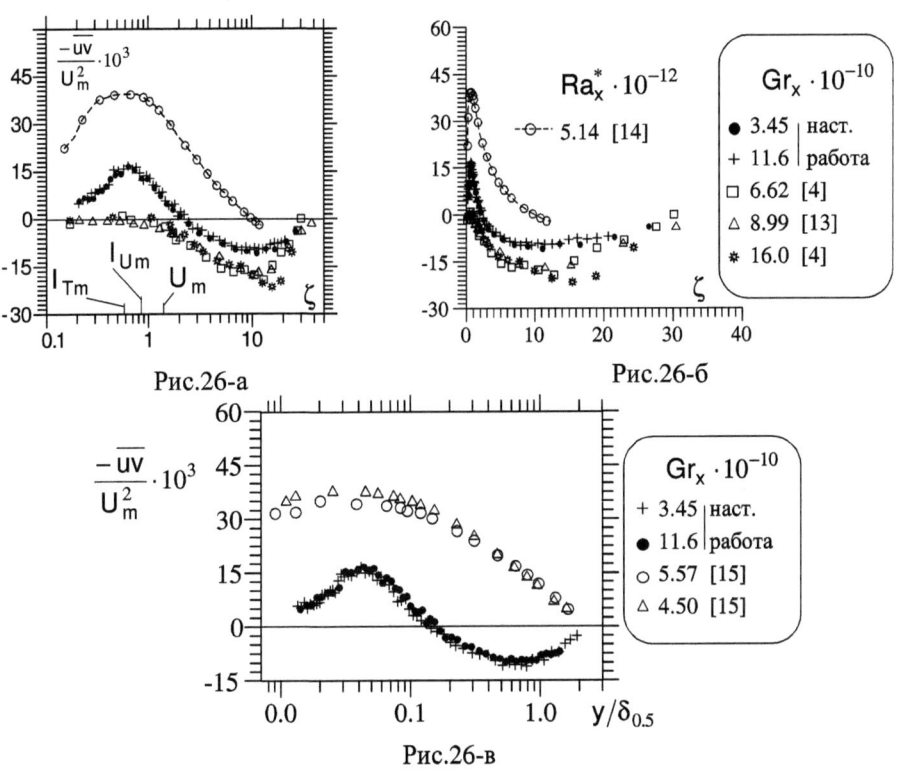

Рис.26-а

Рис.26-б

Рис.26-в

Рис.26 Профили турбулентного напряжения трения.

Указанному факту не противоречат экспериментальные данные настоящей работы, а также результаты работ [4,14]. Однако по данным [13] (см. рис.26-а) турбулентное трение по всей толщине пограничного слоя отрицательно, а по данным [15] (см. рис.26-в) - положительно. По-видимому, причина отличия результатов работ [13] и [15] от большинства других данных состоит в использовании авторами [13] аналоговой термокомпенсации сигнала ТА, а в работе [15] нормальная к поверхности компонента вектора скорости не измерялась, а определялась путём расчета.

На графиках можно заметить, что координата максимума средней скорости находится немного ближе к стенке, чем координата, в которой турбулентное трение обращается в нуль. Несовпадение координат нулевого значения τ_{xy} и максимума средней скорости делает невозможным применение в этой области гипотезы Буссинеска при определении турбулентного напряжения трения, согласно которой τ_{xy} пропорционально производной $\partial \overline{U} / \partial y$.

На рис.27 приведено распределение нормальной компоненты вектора турбулентного теплового потока q_y в сравнении с результатами других работ.

В пристенной области обнаруживается существенное не только количественное, но и качественное отличие результатов настоящей работы от данных других авторов.

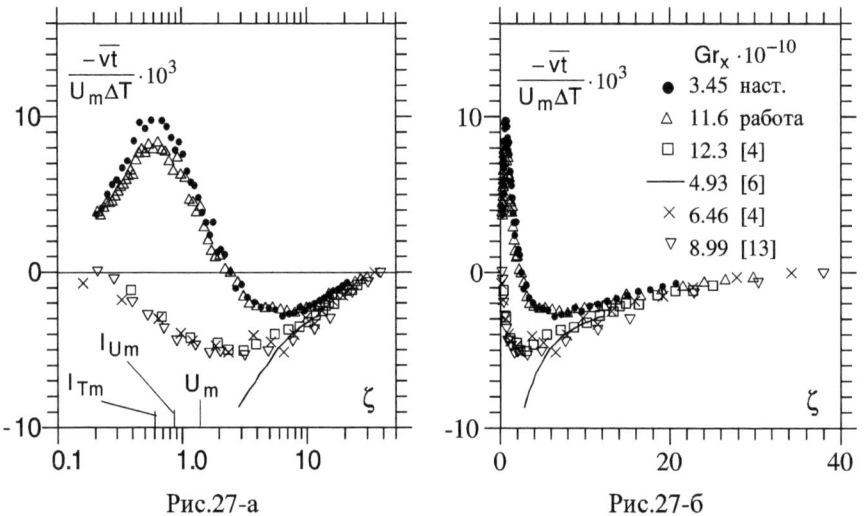

Рис.27-а   Рис.27-б

Рис.27 Профили нормальной компоненты вектора турбулентного теплового потока.

Причины столь заметного разногласия, в том числе и между данными разных авторов, на наш взгляд, те же - различные методики измерения скорости и особенно ее пульсационной составляющей. В настоящее время из-за явно недостаточного количества экспериментальных данных, по–видимому, еще рано с достаточной уверенностью судить о достоверности тех или иных результатов измерений. Хотя нам кажется, что результаты настоящего исследования ближе к реальным процессам, происходящим в пристенном свободноконвективном течении.

Кроме того, нужно отметить, что из-за особенностей конструкции, применяемый при измерениях зонд оказывается чувствительным к трансверсальным пульсациям скорости. Оценить же вклад третьей составляющей скорости при измерениях зондом с двумя горячими нитями не представляется возможным. В разрешении этой проблемы важную роль могли бы сыграть измерения при помощи зонда с тремя горячими нитями ТА, т.е. когда три компоненты вектора скорости измеряются одновременно. Однако создание такого зонда сопряжено со значительными трудностями, связанными с проблемой взаимовлияния нитей друг на друга, и поэтому требуется проведения специальных исследований.

В настоящее время в известной нам литературе отсутствуют данные по одновременному измерению трех компонент вектора скорости в свободноконвективном пограничном слое. Следует отметить единственную работу [10] из известных нам работ, в которой была измерена третья (трансверсальная) компонента вектора скорости. При этом по-прежнему использовался двухниточный зонд, но для измерения трансверсальной компоненты вектора скорости зонд специальным образом ориентировался относительно потока. Таким образом, результаты и этой работы нельзя отнести к одновременным и полноценным измерениям всех компонент вектора скорости.

3. ФРАГМЕНТЫ БАЗЫ ДАННЫХ И ПРИМЕРЫ ОБРАБОТКИ РЕЗУЛЬТАТОВ ЭКСПЕРИМЕНТА.

При анализе результатов настоящего исследования рассматривались лишь отдельные, наиболее характерные данные из всего объема информации, полученной в процессе экспериментального изучения свободноконвективного пограничного слоя. Большая часть экспериментальных результатов была соответствующим образом обработана, систематизирована и оформлена в виде базы данных. База данных может быть использована, например, при разработке различных моделей турбулентности для их тестирования.

Для иллюстрации в данной главе приведены некоторые фрагменты базы данных. На рис. 28-35 представлены различные профильные характеристики в зависимости от нормальной координаты y в размерном виде. Для более подробного анализа результатов в пристенной области графики продублированы в логарифмическом масштабе по координате y.

При описании турбулентных процессов в пограничном слое часто пользуются градиентным представлением турбулентного напряжения трения и нормальной компоненты турбулентного теплового потока, вводя понятие эффективных коэффициентов кинематической вязкости ν_T и температуропроводности a_T т.е.

$$-\overline{uv} = \nu_T \frac{\partial \overline{U}}{\partial y} \quad , \qquad -\overline{vt} = a_T \frac{\partial \overline{T}}{\partial y} \quad . \tag{21}$$

Последнее соотношение непосредственно в уравнениях турбулентного пограничного слоя обычно не используется, а процесс турбулентного теплообмена моделируется с использованием понятия турбулентного аналога числа Прандтля $Pr_T = \nu_T / a_T$.

В настоящем параграфе приводятся примеры результатов обработки с помощью техники B-сплайнов [27] экспериментальных данных с целью получения таких характеристик, как коэффициент турбулентной вязкости и турбулентный аналог числа Прандтля. Очевидно, что по осредненным профилям скорости и температуры можно определить соответствующие производные $\partial\overline{U}/\partial y$ и $\partial\overline{T}/\partial y$, а затем, используя измеренные профили турбулентного напряжения трения и теплового потока, вычислить коэффициент турбулентной вязкости и коэффициент турбулентной температуропроводности по следующим формулам:

$$\nu_T = \frac{-\overline{uv}}{\partial\overline{U}/\partial y} \qquad \text{и} \qquad a_T = \frac{-\overline{vt}}{\partial\overline{T}/\partial y} \quad . \tag{22}$$

Хотя эти характеристики и не несут особого физического смысла, однако они весьма удобны при численном моделировании турбулентных процессов и могут служить одним из признаков адекватности моделей турбулентности реальному течению в турбулентном пограничном слое.

Необходимо отметить, что непосредственное определение производных по экспериментальным точкам обычно приводит к большому разбросу получающихся значений. Потому профили скорости и температуры были сначала обработаны с помощью В-сплайнов и только после этого были вычислены требуемые производные. Профили турбулентного напряжения трения и теплового потока были также подвергнуты обработке В-сплайнами. На рис.36-39 представлены примеры обработки результатов измерений В-сплайнами, а на рис.40,41 - рассчитанные по соответствующим формулам коэффициент ν_T и турбулентный аналог числа Прандтля Pr_T.

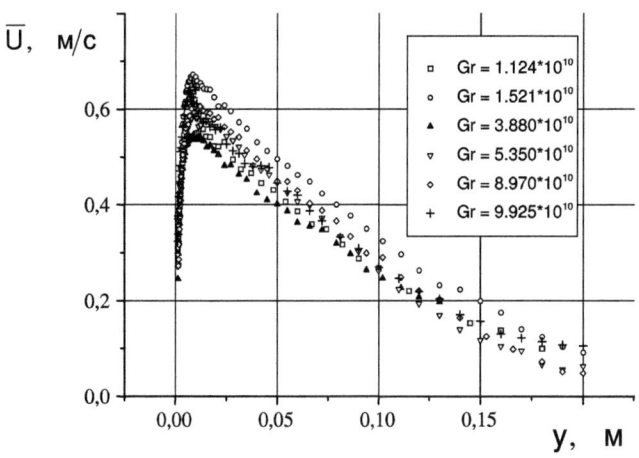

Рис.28-а

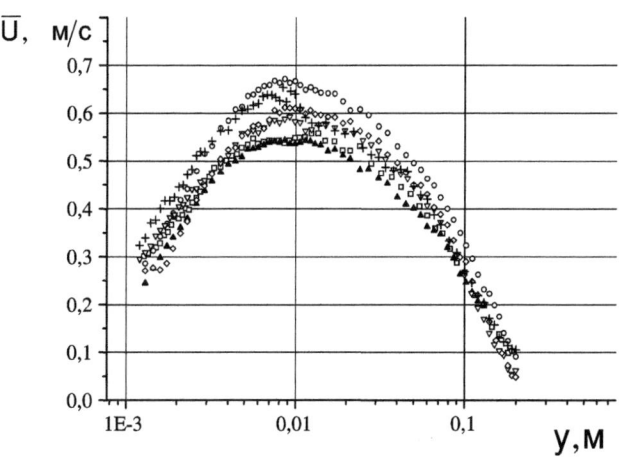

Рис.28-б

Рис.28 Профиль продольной компоненты вектора средней скорости.

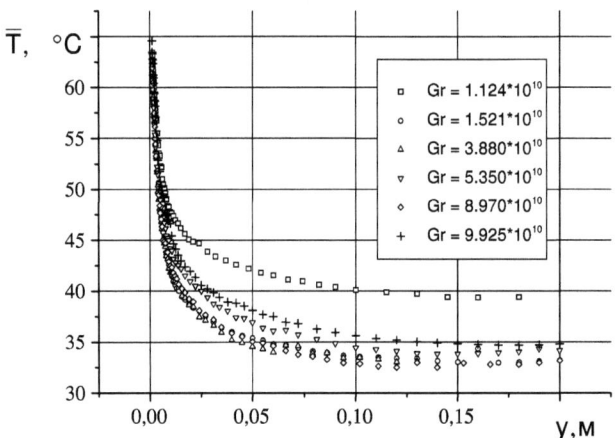

Рис.29-а

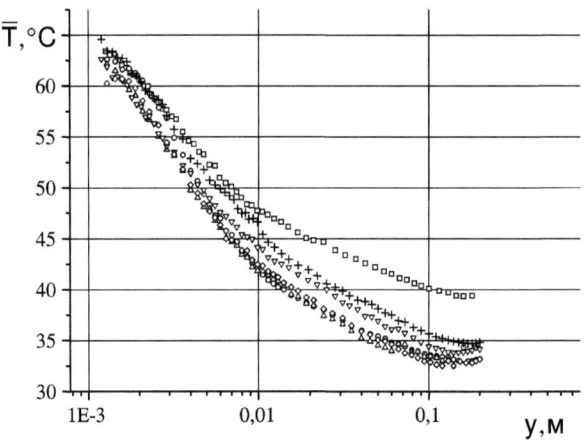

Рис.29-б

Рис.29 Профиль средней температуры.

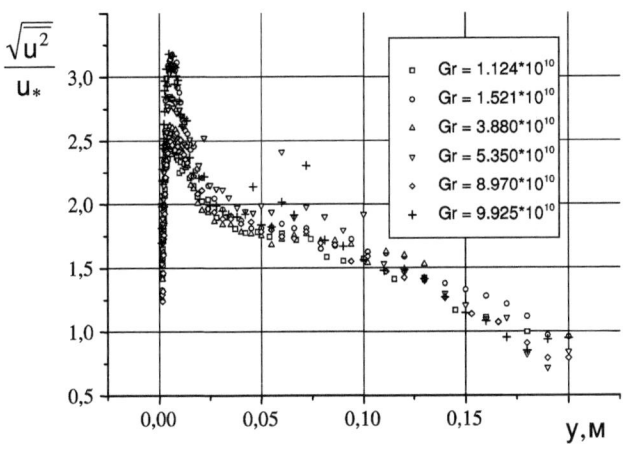

Рис.30-а

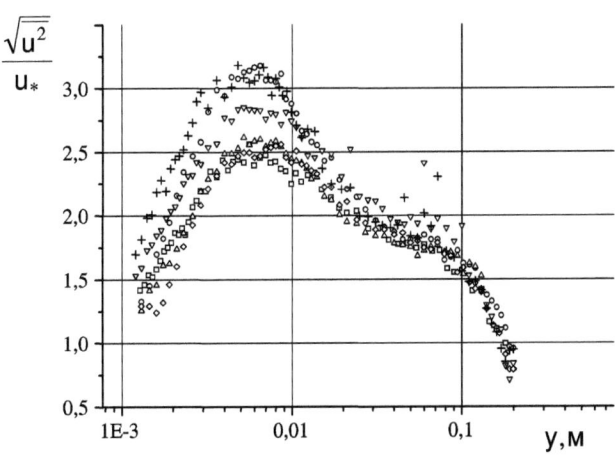

Рис.30-б

Рис.30 Профиль интенсивности пульсаций продольной компоненты скорости.

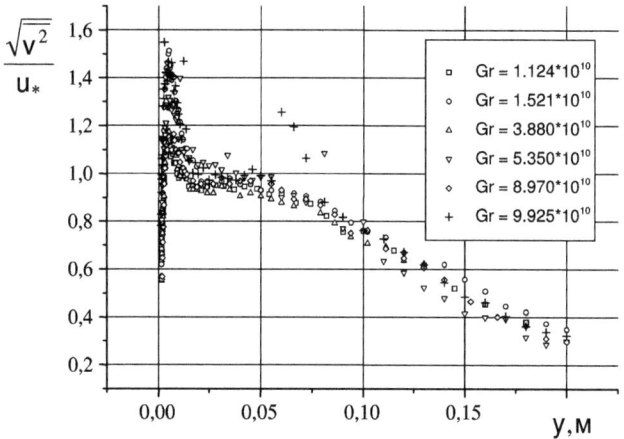

Рис.31-а

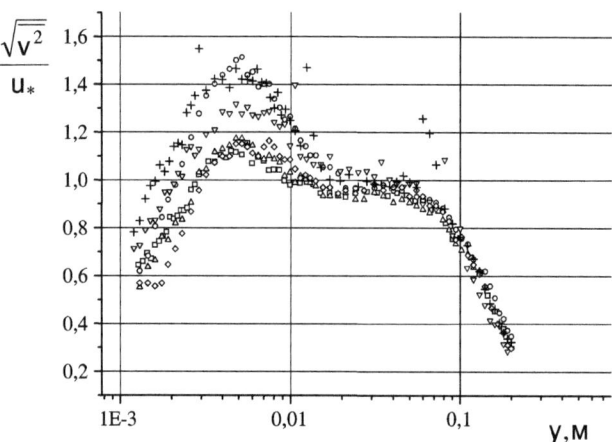

Рис.31-б

Рис.31 Профиль интенсивности пульсаций нормальной компоненты
скорости.

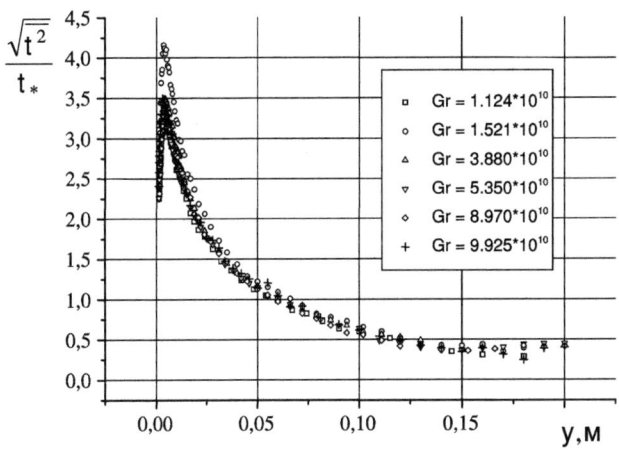

Рис.32-а

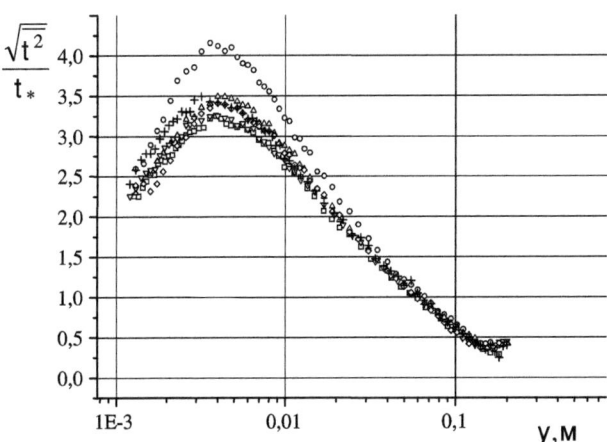

Рис.32-б

Рис.32 Профиль интенсивности пульсаций температуры.

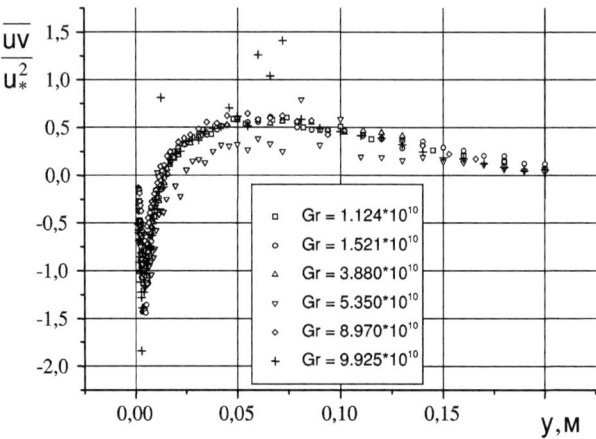

Рис.33-а

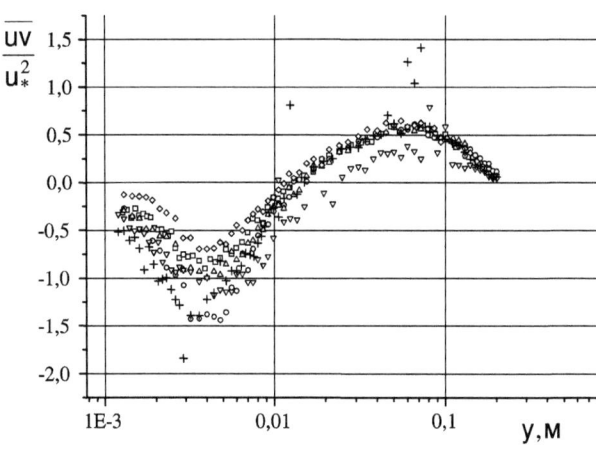

Рис.33-б

Рис.33 Профиль турбулентного напряжения трения.

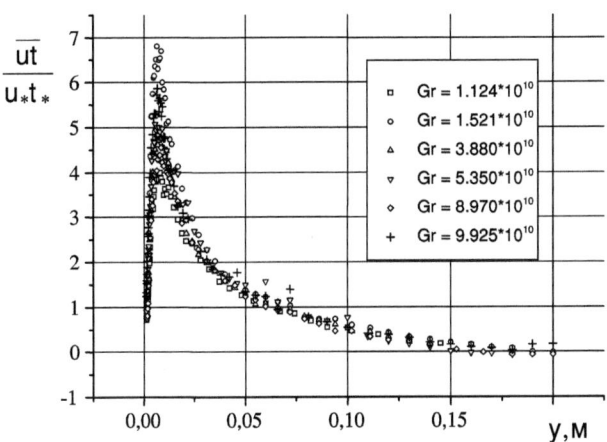

Рис34-а

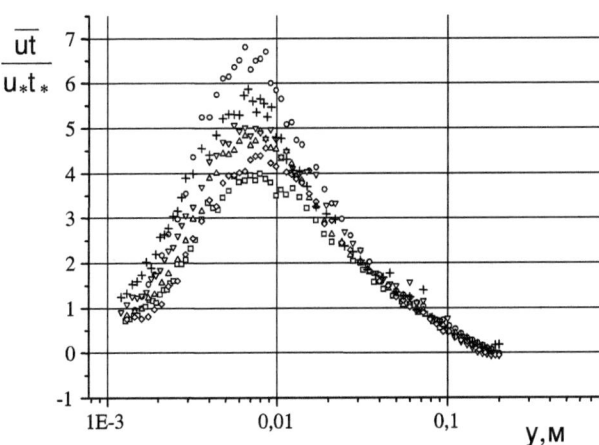

Рис.34-б

Рис.34 Профиль продольной компоненты вектора турбулентного теплового потока.

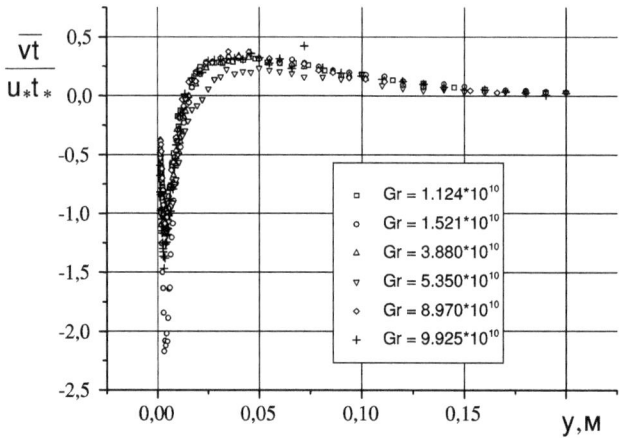

Рис.35-а

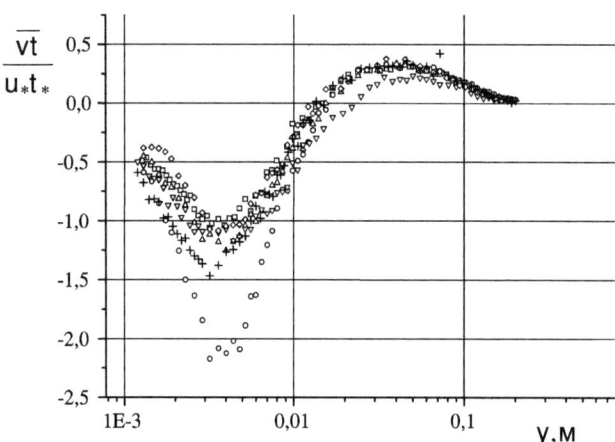

Рис.35-б

Рис.35 Профиль нормальной компоненты вектора турбулентного теплового потока.

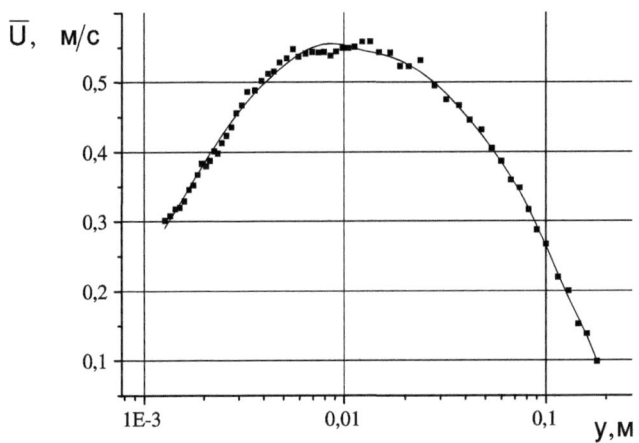

Рис.36 Аппроксимация профиля средней скорости (точки-
экспериментальные данные, линия-аппроксимация).

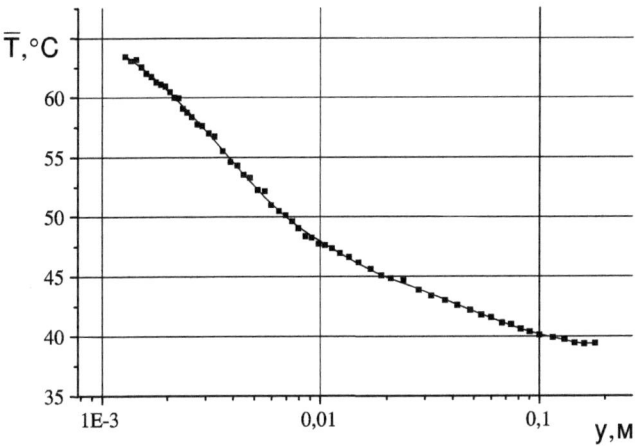

Рис.37 Аппроксимация профиля средней температуры (точки-
экспериментальные данные, линия-аппроксимация).

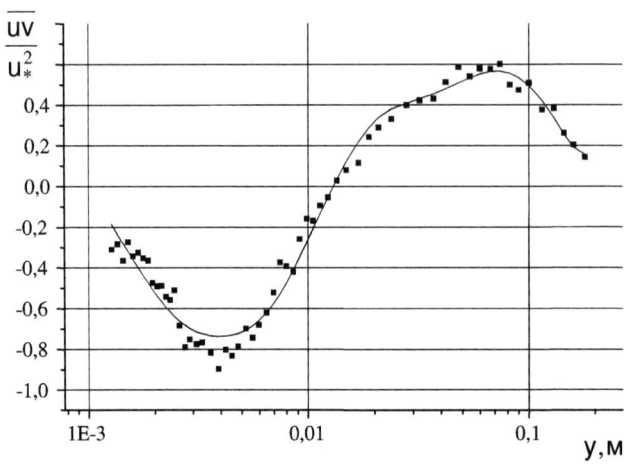

Рис.38 Аппроксимация профиля турбулентного напряжения трения (точки-
экспериментальные данные, линия-аппроксимация).

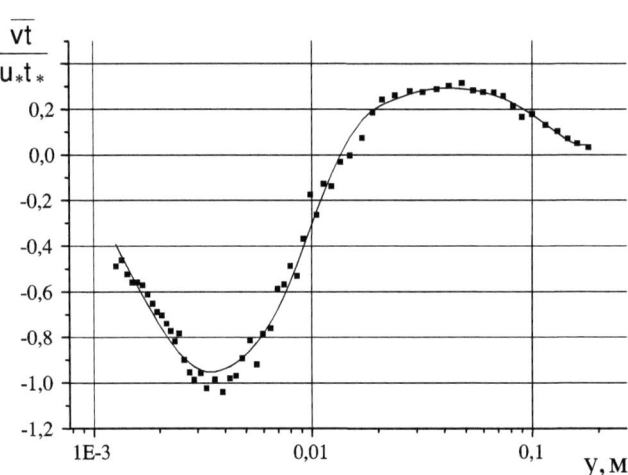

Рис.39 Аппроксимация профиля нормальной компоненты вектора
турбулентного теплового потока (точки-экспериментальные данные, линия-
аппроксимация).

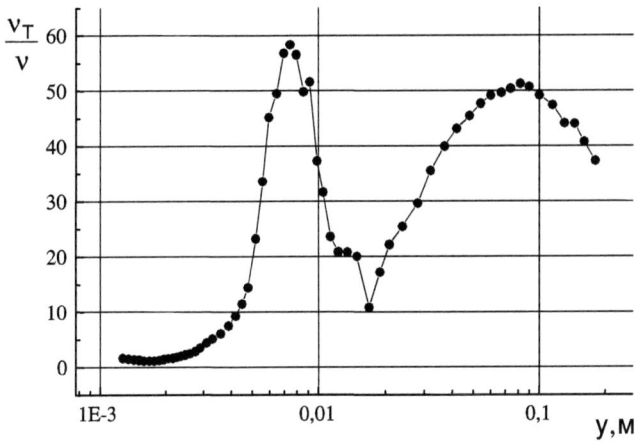

Рис.40 Кинематический коэффициент турбулентной вязкости.

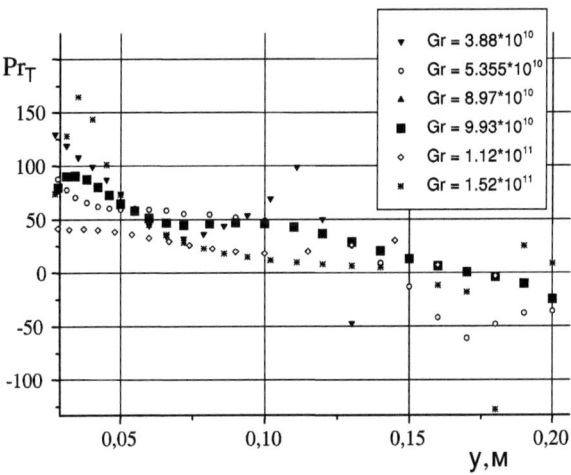

Рис.41 Турбулентный аналог числа Прандтля.

ПРИЛОЖЕНИЕ

Описание экспериментального стенда.

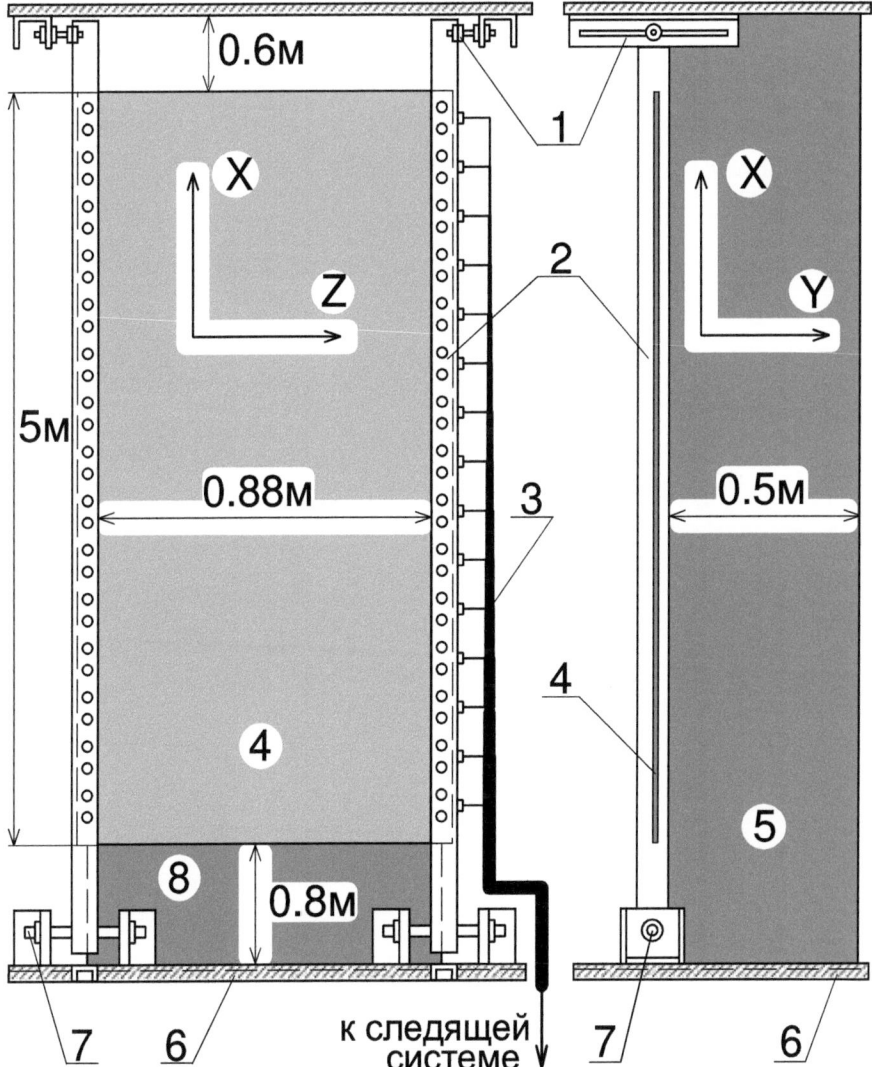

Рис.1 Общий вид экспериментальной установки.

1 - верхнее крепление; 2 - вертикальные опоры; 3 - кабели датчиков температуры; 4 - пластина; 5 - боковые шторки; 7 - нижнее шарнирное крепление; 8 - задняя шторка.

Основной частью экспериментального стенда, схема которого приведена на рис.1, является нагреваемая вертикальная пластина. Одна из её сторон служит рабочей поверхностью, вдоль которой образуется свободноконвективный поток. Пластина 4 изготовлена из дюралюминиевого листа размером $(5000 \times 880 \times 4)\,\text{мм}^3$, а её рабочая поверхность отполирована. Несущей частью установки являются вертикальные опоры 2, выполненные из стального швеллера, в которых с помощью специальных креплений фиксируется пластина. Крепления сконструированы таким образом, чтобы свести к минимуму тепловые потери от пластины к опорам. Для уменьшения влияния вибраций опоры соединены с массивным фундаментом 6 через шарниры 7. Подвижное крепление 1 верхних концов опор и нижнее шарнирное

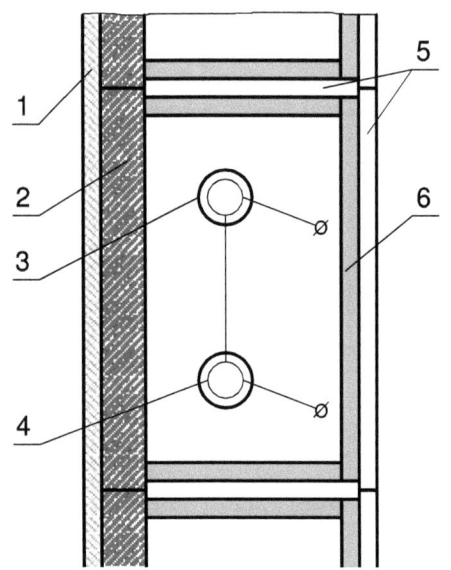

соединение позволяют устанавливать пластину под заданным углом по отношению к направлению вектора ускорения свободного падения.

Нагрев пластины осуществляется с помощью 25 нагревательных секций, расположенных с противоположной по отношению к рабочей поверхности стороны листа 1 (рис.2). Каждая секция изготовлена в виде отдельного бокса, в котором размещён автономный нагреватель.

Рис.2 Схема нагревательной секции.

1 - наружный лист (рабочая поверхность;
2 - дюралюминиевая вставка;   3 - кварцевая трубка;   4 - нагревательная спираль;
5 - текстолитовая стенка бокса; 6 - асбестовая теплоизоляция.

Стенки 5 бокса выполнены из текстолита и теплоизолированы изнутри слоем асбеста 6 для сокращения потерь тепла при нагревании пластины. Прилегающая к пластине стенка 2 бокса представляет собой массивную дюралюминиевую вставку толщиной 10мм, высотой 195мм и шириной 860мм. Автономный нагреватель изготовлен из нихромовой спирали 4, помещённой в две горизонтальные кварцевые трубки 3, расположенные на одинаковом расстоянии (20мм) от дюралюминиевой вставки. При этом полная глубина бокса составляет 60мм. Потребляемая мощность каждой отдельной секции около 160Вт. Время установления стационарного режима с момента включения установки в зависимости от заданной температуры рабочей поверхности составляет порядка двух часов. После выхода на стационарный режим с постоянной температурой поверхности потребляемая мощность не превышает 2кВт.

Наличие в каждой из 25 секций автономного нагревателя позволяет задавать нагрев каждой секции независимо друг от друга. В конечном итоге можно получить различные законы изменения температуры рабочей поверхности по её высоте $T_w(x)$. Для задания и поддержания необходимого закона распределения $T_w(x)$ разработана автоматическая следящая система. Управление работой автоматической системы осуществляется с помощью, установленного в каждой секции специального датчика, вырабатывающего сигнал обратной связи, зависящий от температуры. Этот датчик вмонтирован в дюралюминиевую вставку каждого бокса. Система настроена так, что переключение происходит при отклонении действительной температуры поверхности от заданной на $0.5°C$.

Конструкция координатного устройства.

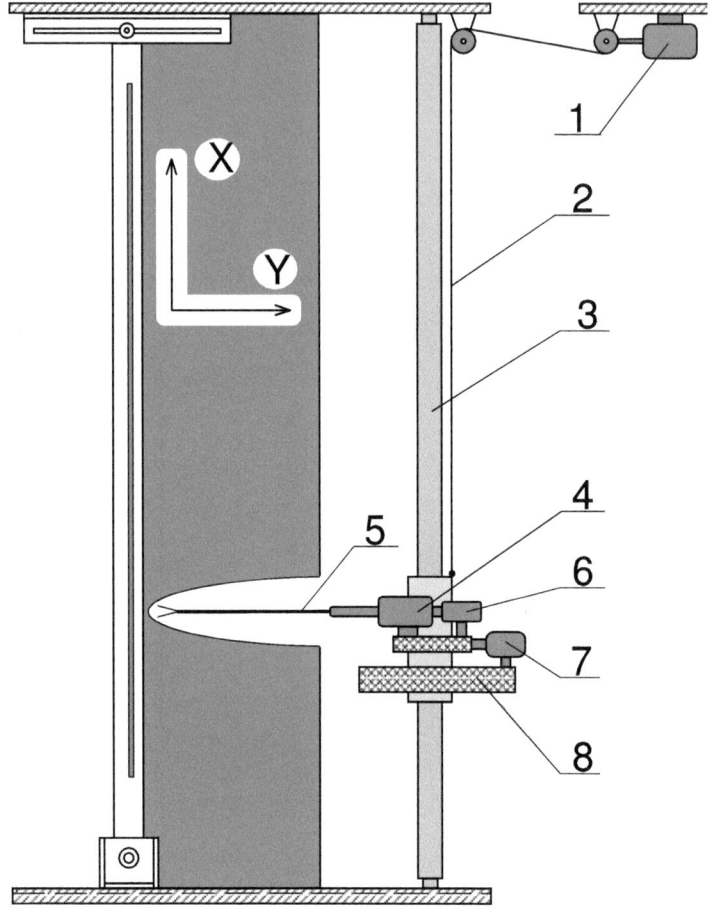

Рис.3 Схема координатного устройства.

1,7 - электродвигатели; 2 - трос; 3 - направляющие стойки;   4 - система фиксации державки датчика; 5 - зонд; 6 - шаговый двигатель; 8 - подвижная каретка.

Экспериментальный стенд снабжен координатным устройством для перемещения зонда 5 в зоне образующегося свободноконвективного потока. Схема устройства приведена на рис.3. Основными конструктивными узлами устройства являются направляющие стойки 3, подвижная каретка 8, три электродвигателя 1, 6, 7 и система фиксации 4 державки датчика. Система фиксации допускает применение датчиков разнообразных конструкций с различными формами и размерами державки. Направляющие стойки (алюминиевые трубы диаметром 65мм) установлены параллельно плоскости пластины на расстоянии 70см от неё. Каретка 8 с помощью двигателя 1 через систему блоков тросами 2 перемещается по направляющим стойкам в вертикальном направлении, точность перемещения по высоте составляет порядка 5мм. Двигатель 7 обеспечивает передвижение устройства фиксации зонда по горизонтали параллельно пластине с точностью до 1мм. Перемещение устройства 4, а следовательно, и зонда, по нормали к поверхности осуществляется шаговым двигателем 6 с точностью 1мкм. Управление всеми двигателями производится дистанционно. Питание электродвигателей 1 и 7 осуществляется переменным напряжением 220В с частотой 50Гц, а шаговый двигатель 6 подключен к компьютеру через специальный модуль, управление которым осуществляется с помощью программы. Данная программа, разработанная автором, позволяет полностью автоматизировать процесс измерения в одном сечении пограничного слоя. В зависимости от толщины пограничного слоя время измерения может занимать от одного часа до шести часов.

Одна из целей настоящей работы заключается в получении подробных профильных характеристик различных параметров течения, причем пространственное разрешение должно быть достаточным для анализа течения непосредственно у самой поверхности. Поэтому в конструкции координатного устройства уделено особое внимание механизму, отвечающему за перемещение зонда по нормали к поверхности. Процесс измерения в каждом сечении пограничного слоя начинается от поверхности, т.е. сначала осуществляется подвод датчика к поверхности (со скоростью 0.037мм/с) и фиксируется момент касания поверхности датчиком. После касания датчиком поверхности нужно изменить направление движения, выбрать один раз люфт механической системы координатного устройства и далее передвигать зонд в одном направлении без реверсирования. Определённая экспериментально общая величина люфта составляет не более 0.55мм. Таким образом, координата ближайшей к поверхности измерительной точки пограничного слоя зависит только от конструкции датчика, а точность её определения не ниже 0.01мм.

Установка для калибровки термоанемометрических зондов при малых скоростях в неизотермической воздушной среде.

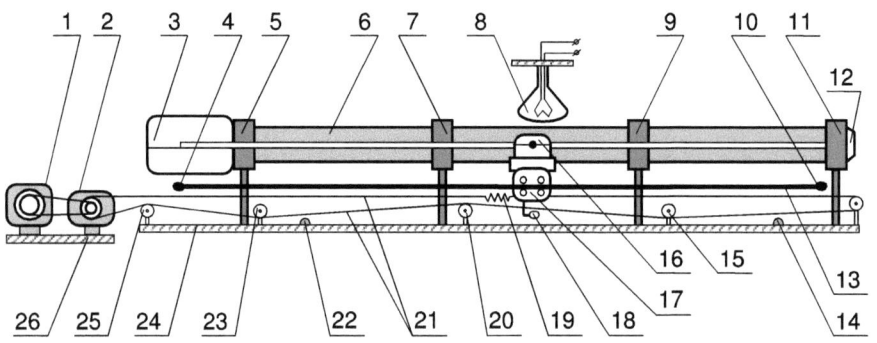

Рис.4 Схема калибровочной установки.

1 - электродвигатель; 2 - редуктор; 3 - пенопластовый короб; 4,10 - концевые выключатели; 5,7,9,11 - опоры трубы; 6 - латунная труба; 8 - инфракрасный нагреватель; 12 - пенопластовая заглушка; 13 - направляющие, по которым движется тележка 17 с зондом; 14,22 - герконы; 15,20,23 - вспомогательные ролики; 16 - прижимное устройство; 18 - постоянный магнит; 19 - пружина; 21 - тросик; 24,26 - основания; 25 - регулировочный ролик;

Для калибровки датчиков ТА разработана специальная калибровочная установка, позволяющая калибровать датчики при скоростях от 2 до 80см/с при температуре воздуха от 20 до 80°С. Основным принципом работы этой установки является равномерное движение датчика с заданной скоростью по неравномерно нагретому неподвижному воздуху.

На рис.4 изображена схема калибровочной установки. Практически все элементы установки смонтированы на монолитном основании 24, неподвижно закреплённом кронштейнами к стене, а электромотор 1 и редуктор 2 смонтированы на отдельном основании 26 для исключения влияние вибраций. По двум параллельным горизонтальным направляющим 13 посредством троса 21 движется тележка 17 с закреплённым на ней зондом ТА. С целью амортизации рывков, происходящих в начале движения и остановке тележки, предусмотрена пружина 19, соединяющая трос и тележку. Специально сконструированное прижимное устройство 16 позволяет закреплять зонд с диаметром державки до 8мм. Прижимное устройство может поворачиваться в горизонтальной плоскости на угол $\pm 90°$ от нормального положения (нормальным считается положение, когда ось державки зонда ТА перпендикулярна направлению движения тележки), для отсчёта угла поворота предусмотрен горизонтальный лимб с ценой деления $1°$.

Тележка приводится в движение тросом, соединенным с электродвигателем 1 через редуктор 2. Редуктор имеет четыре электромагнитные муфты, включение которых в различных комбинациях позволяет задавать различное передаточное число редуктора, а значит и различную скорость движения тележки. Дистанционное управление двигателем и редуктором позволяет оперативно изменять скорость и направление перемещения тележки.

На одной из двух направляющих 13 в начале и в конце размещены концевые выключатели 10 и 4, срабатывающие в тот момент, когда тележка достигает левой или правой границы своего диапазона перемещения. При срабатывании выключателя специальная электромагнитная муфта в редукторе практически мгновенно отсоединяет двигатель от наружного шкива редуктора, приводящего в движение трос. Выключатели смонтированы на специальном креплении, которое можно перемещать по направляющей и вновь закреплять в выбранном месте, изменяя тем самым при необходимости зону перемещения тележки.

Чувствительный элемент зонда движется по оси горизонтальной латунной трубы 6, а ось державки зонда лежит в горизонтальной плоскости с осью трубы. Труба закреплена на четырёх опорах 5, 7, 9, 11, смонтированных на основании 24. Длина трубы равна 2м, внутренний диаметр -7см. В боковой поверхности трубы имеется продольная прорезь шириной 1см, вдоль которой перемещается державка зонда.

Скорость движения тележки определяется по времени прохождения известного базового расстояния. Измерение временного интервала производится при помощи программируемого таймера, сигналы на запуск и остановку которого генерируются герконами 14, 22. Базовое расстояния равно 156см.

Предварительные измерения показали, что движение тележки на всём базовом расстоянии при различных скоростях осуществляется достаточно равномерно и без рывков. Кроме того, можно отметить хорошую повторяемость измеренных значений скорости при многократных замерах. Максимальные отклонения не превышают 0.2%. Для подогрева воздуха в трубе использовались лампы инфракрасного излучения 8.

Необходимо отметить, что в конструкции зонда кроме горячей нити ТА всегда (при измерении на объекте и при калибровки по скорости) должна быть холодная нить для измерения температура воздуха. Перед калибровкой по скорости необходимо прокалибровать холодную нить по температуре. Процесс калибровки по скорости занимает около одного часа. По окончании калибровки формируется файл, состоящий из массивов температур, напряжений ТА и базовых значений скорости. Для обработки полученных данных разработана программа, в результате работы которой получается семейство калибровочных кривых в заданном диапазоне температур с шагом через один градус. Фрагмент подобной калибровки изображен на рис.5.

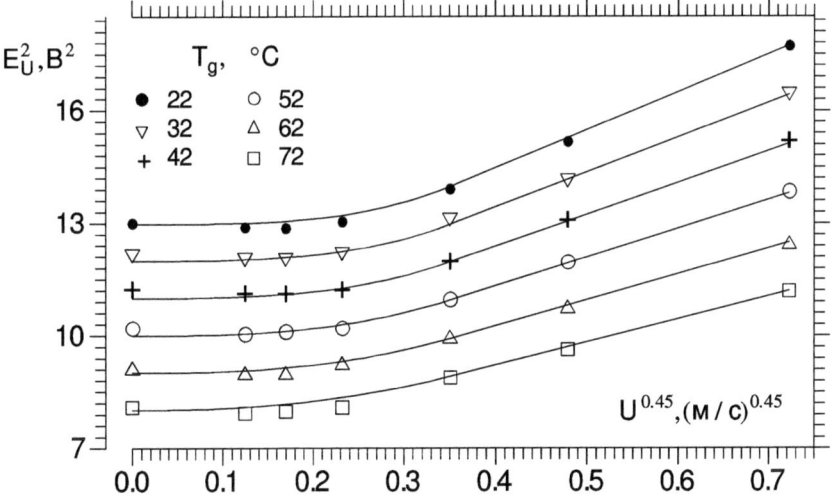

Рис.5 Калибровочные зависимости для датчика ТА (экспериментальные точки и аппроксимирующие зависимости).

СПИСОК ЛИТЕРАТУРЫ

1. **Никольская С.Б., Чумаков Ю.С.** Экспериментальное исследование пульсационного движения в свободноконвективном пограничном слое // ТВТ, 2000, т. 38, № 2, с. 249-256.

2. **George W.K., Capp S.P.** A theory for natural convection boundary layer next to heated vertical surfaces // *Int. J. Heat Mass Transfer*, 1979, V.22, № 6, p.813-826.

3. **Кузьмицкий В.А., Чумаков Ю.С.** Анализ характеристик течения при ламинарно-турбулентном переходе в свободноконвективном пограничном слое // ТВТ, 1999, т. 37, № 2, с. 239-246.

4. **Miyamoto M., Kajino H., Kurima J., Takanami I.** Development of turbulence characteristics in a vertical free convection boundary layer // *Proc. 7th Int. Heat Transfer Conf.*, Munich, FRG, 1982, V.2, NC31, p.323-328.

5. **Tsuji T., Nagano Y.** Characteristics of a turbulent natural convection boundary layer along a vertical flat plate // *Int. J. Heat Mass Transfer*, 1988, V.31, № 8, p.1723-1734.

6. **Smith R.R.** Characteristics of turbulence in free convection flow past a vertical plate // *Ph.D. Thesis*, Queen Mary College, Univ. of London, 1972.

7. **Miyamoto M., Okayama M.** An experimental study of turbulent free convection boundary layer in air along a vertical plate using LDV // *Bull. JSME*, 1982, V.25, №209, p.1729-1736.

8. **Cheesewright R., Ierokipiotis E.G.** Velocity measurements in a natural convection boundary layer // *Proc. 7th Int. Heat Transfer Conf.*, Munich, FRG, 1982, V.2, NC31, p.305-309.

9. **Miyamoto M., Katoh Y., Kurima J., Taguchi Y.** Characteristics of free-convection boundary layer in transition region along vertical plate // *Trans. JSME*, Ser.B, 1994, V.60, № 571, p.971-976.

10. **Tsuji T., Nagano Y., Tagawa M.** Structure and heat transport of a turbulent natural convection boundary layer // *In preparation for the presentation at TSF 8* / from the database assembled by Prof. Rodi W. (Europe).

11. **Jaluria Y., Gebhart B.** An experimental study of non-linear disturbance behaviour in natural convection // *J. Fluid Mech.*, 1973, V.61, p.337-352.

12. **Cheesewright R., Doan K.S.** Space-time correlation measurements in a turbulent natural convection boundary layer // *Int. J. Heat Mass Transfer*, 1978, V.21, № 7, p.911-921.

13. **Tsuji T., Nagano Y., Tagawa M.** Experiment on spatio-temporal turbulent structures of a natural convection boundary layer // *Trans. ASME, J. Heat Transfer*, 1992, V.114, № 4, p.901-908.

14. **Hishida M., Nagano Y., Tsuji T., Kaneko I.** Turbulent boundary layer of natural convection along a vertical flat plate // *Trans. JSME*, Ser.B, 1981, V.47, № 419, p.1260-1268.

15. **Doan K.S., Coutanceau J.** Structure d'un ecoulement de convection naturelle-transition et turbulence etablie // *Acta Astronautica*, 1981, V.8, p.123-160.

16. **Tsuji T., Nagano Y.** Turbulence measurements in a natural convection boundary layer along a vertical flat plate // *Int. J. Heat Mass Transfer*, 1988, V.31, № 10, p.2101-2111.

17. **Чумаков Ю.С.** Экспериментальное исследование переходного и развитого турбулентного режимов течения в свободноконвективном пограничном слое, развивающемся около вертикальной нагретой поверхности // сб. докл. 4-го Минского международного форума по тепло- и массообмену, Минск, 22-26 мая, 2000.

18. **Джалурия Й**. Естественная конвекция // Пер. с англ. - М.: Мир, 1983, 400 с.

19. **Чизрайт**. Естественная турбулентная конвекция от вертикальной плоской поверхности // *Теплопередача*, 1968, т.90, №1, p.1-9.

20. **Сиберс, Моффат, Швинд.** Экспериментальное исследование свободной конвекции от большой вертикальной плоской поверхности с учётом влияния изменения свойств // *Теплопередача*, 1985, т.107, №1, p.124-135.

21. **Bayley F.J.** An analysis of turbulent free-convection heat transfer // *Proc. Institute of Mechanical Engineers*, 1955, V.169, №20, p.361-370.

22. **Гебхарт Б., Джалурия Й., Махаджан Р., Саммакия Б.** Свободноконвективные течения, тепло- и массообмен. - М.: Мир, 1991, В 2-х кн., пер. с англ. под ред. проф. О.Г. Мартыненко, 1208c.

23. **Кутателадзе С.С., Кирдяшкин А.Г., Ивакин В.П.** Турбулентная естественная конвекция у вертикальной изотермической пластины // *Доклады АН СССР*, 1974, т.217, №6, c.1270-1273.

24. **Cheesewright R., Mirzai M.H.** The correlation of experimental velocity and temperature data for a turbulent natural convection boundary layer // *Proc. 2nd U.K. National Conf. Heat Transfer*, Glasgow, 1988, C140/88, p.79-89.

25. **Doan K.S., Coutanceau J.** Structure d'un ecoulement de convection naturelle-transition et turbulence etablie // *Acta Astronautica*, 1981, V.8, p.123-160.

26 **Репик Е.У., Соседко Ю.П.** Об определении точки перехода ламинарного пограничного слоя в турбулентный // *Уч. записки ЦАГИ*, 1987, т.18, №1, c.50-56.

27. **Стечкин С.Б., Субботин Ю.Н.** Сплайны в вычислительной математике // М.: Наука, 1976, 248 с.

Printed by Books on Demand GmbH, Norderstedt / Germany